なぜドイツは

巨大事故・市民運動・国家

脱原発を選んだのか

環境ジャーナリスト
川名英之
Hideyuki Kawana

合同出版

はじめに

福島第一原発事故はチェルノブイリ原発事故と同じレベル7の巨大な原発事故である。この事故はチェルノブイリ原発事故と違って、地震・津波という自然災害によって起こり、原発がいかに危険なものであるかを全世界に知らせた。

世界中で発生する地震の十数パーセントが日本周辺で発生している。地震に伴う津波も多い。日本は世界最大級の地震・津波大国なのだ。原子力事業者には徹底した安全対策を取る義務がある。原子力事業は国策民営だったのだから、国にも安全対策を監視・指導すべき大きな責任がある。

それにもかかわらず、東京電力（東電）は有効な事故防止対策をまったく取ってこなかった。その意味で、福島第一原発事故は国と東電が取るべき対策を怠ったために起こった人災である。

大惨事を招いた根本的な原因は「日本の原発は安全である」という「神話」だった。日本の電力会社は原発批判の拡大を恐れ、これを回避する方便として「神話」を造って、発生の恐れのある巨大な地震・津波に備える安全対策も防災訓練も行なおうとしなかった。こんないい加減な原発事業の行き着いた先が福島原発事故であった。

福島第一原発事故を受けて原発に頼らずに済む社会を創ろうとする人たちが激増した。脱原発を求める人びとが、この事故後、大きな関心を持って動きを見守ってきたのが、ドイツの脱原発である。ドイツは一九八六年四月のチェルノブイリ原発事故後、原発の新増設をしないという大原則を決め、そのうえで地球温暖化防止対策と原発代替エネルギーの供給という二つの目標を掲げ、一九九一年に再生可能エネルギーによる電力の固定価格での買取りを電力会社に義務付けた。

以来、二十年。ドイツは、ひたすら再生可能エネルギーの拡大・普及に力を入れてきた。その結果、総発電量に占める再生可能エネルギー比率は二〇一二年十二月末、二三パーセントに達し、原子力比率の一七・七パーセントを大きく上回った。

二〇一一年六月、ドイツは福島第一原発事故を受けて脱原発を最終的に決定した。ドイツの今後の再生可能エネルギー拡大目標は二〇三〇年までに五〇パーセント、二〇五〇年までに八〇パーセントである。もう一つの課題である温室効果ガスの削減計画も二〇二〇年までに四〇パーセント、二〇五〇年までに八〇パーセント、それぞれ削減するという野心的なものである。

大工業国のドイツが今世紀の半ばまでに総発電量の八〇パーセントを再生可能エネルギーで賄い、温室効果ガスの八〇パーセントを削減するのは驚異的なことである。これはドイツの政府と国民が過去二十年間、原発のない社会と、地球温暖化防止の実現を目指し、再生可能エネルギーの拡大に総力を挙げて取り組んできた賜物であり、国家の意志を感じさせるほどの真剣な取り組みの成果である。

ドイツが脱原発への道筋を決定することができた基本的な要因は、脱原発を求める声が世論と言えるまでに増え、政治が国民世論に応えたからである。脱原発派が増えた歴史的な要因としては次のような背景や出来事が挙げられるだろう。

一つ目は、一九七〇年代初め頃に始まり、四十年もの間、続けられてきた原発反対運動を通じて人びとが原発の危険性に関する認識を深めたこと。

二つ目は、原発反対運動の中から誕生した緑の党による不断の脱原発の呼びかけ。

三つ目は、一九八六年四月のソ連ウクライナ共和国のチェルノブイリ原発事故と二〇一一年三月の福島第一原発事故の影響である。

四つ目を付け加えるとすれば、それは一九七一年にブラント政権が世界に先駆けて始めた環境教育の影響である。最初に環境教育を受けて育った人びとの最年長者は今や六十歳代に差し掛かっている。環境教育によって培われた人びとの高い環境保全意識が政治・行政に先進的な環境政策・再生可能エネルギー政策を打ち出させる原動力になっている。

一九九一年の再生可能エネルギーによる電力の買取り義務付け法（一一六ページ参照）の制定も、それに先立つ二十年間の原発反対運動の歴史があったからこそ、実現したのかもしれない。この法律の仕組みやノウハウは今、再生可能エネルギーの拡大を目指す世界中の国々が手本にして使っている。

ドイツがここまで再生可能エネルギーを拡大することができたのは、実は一九七一年から四十年間に及ぶ長い原発反対運動の歴史があったためである。原発反対運動の前には核兵器に対する反対運動があり、この時点から反核・反原発が一体のものと位置付けられている。核兵器・原発反対が緑の党の基本的な重要政策、すなわち党是になっているのは、同党が反核兵器・反原発の運動の中から誕生したことに基づいている。

まず、ドイツの原発反対運動の歩みを概観しよう。

ドイツでは一九七一年に原発建設に反対する運動が始まった。最終的に脱原発が決まったのは二〇一一年六月だから、ゴールに達するまでに四十年もの長い年月を要している。原発建設阻止を狙った激しい反対運動が始まったのは一九七三年。建設地はバーデン・ヴュルテンブルク州の大学都市、フライブルク郊外のブドウ栽培農家の村、ヴィールであった。

ヴィールでは反対派の農民やフライブルク大学の学生たちが原発建設地を占拠、バーデン・ヴュルテンブルク州が建設を断念した。この運動の勝利が全国の反対運動に弾みを与え、ブロックドルフ、カルカー、ゴアレーベンなどの原発や核廃棄物関連施設の建設反対運動が長い間、続いた。

原発建設を実力で阻止する運動の中には過激な行動に走るグループもあり、運動内部でも国民からも批判が出た。建設阻止運動には警察が容赦なく対応した。デモ参加者たちは警察や軍から棍棒《こんぼう》による殴打を受け、水鉄砲、催涙ガスを浴びせられた。逮捕者も多く出た。

反対運動への規制が強化されるにつれて、運動関係者の中に「全エネルギーを建設阻止に傾注するよりも、議会に代表を送り込んで政治の場で脱原発を実現する方が効果的だ」という意見が支配的になっていった。こうして一九八〇年一月、緑の党が結成された。原発反対運動に携わった人たちの多くが結成に参加した。

緑の党が八三年の連邦議会選挙の準備をしていた頃、酸性雨公害による森林の枯死・衰弱が大きな社会問題になった。原因は火力発電所などで硫黄酸化物や窒素酸化物を多量に排出する石炭を石油危機後、大量に使用したためだった。ドイツ人にとって森林は古い時代から、心の安らぎや活力を得る源。人びとは父祖の時代から森に強い愛着の気持ちを抱いている。人びとは大事な森が経済成長優先政策や環境配慮の欠落した政治のために無残にも枯死して行く姿を見て、怒りを募らせた。

緑の党は大規模な森林枯死・衰弱を招いた政府の責任を厳しく指摘した唯一の政党だった。緑の党はこれによって国民の支持を一身に集め、一九八三年三月の連邦議会選挙で二七議席を獲得、国政の檜《ひのき》舞台に躍り出た。草の根の反原発運動から生まれた緑の党が環境保護政党として実質的に連邦政府の環境政策を牽引する重要な役割を担い、世論の支持をバックに脱原発と環境保全施策の充実強化に取り組み始めた。やがて他の政党にも「環境政策に熱心に取り組まなければ、生き残れない」という風潮が生まれた。ドイツが環境先進国への道を歩み始めたルーツはここにある。

一九八六年四月、ソ連ウクライナ共和国で起きたチェルノブイリ原発事故で発生した放射性物質はドイツ南部のバイエルン州などに飛来し、乳製品や野菜を汚染し、人びとの健康にも悪影響をもたらした。その結果、脱原発を求める声が国民の多数を占めるまでに高まった。

チェルノブイリ事故後の高まる原発反対の声を受けて、キリスト教民主・社会同盟（CDU／CSU）と並ぶ大政党である社会民主党（SPD）が原発反対に大きく舵を切った。その影響は実に大きかった。一方、緑の党は党内の現実派の中心人物、ヨシュカ・フィッシャー・ヘッセン州環境相の働きかけで社会民主党との連立政権樹立を目指すようになった。

一九九八年十月、両党の連立政権が実現、大電力会社と交渉の結果、二〇二二年までの脱原発を決定し、二〇〇二年に脱原発法を成立させた。メルケル政権は二〇一〇年に脱原発期限を延長したが、二〇一一年三月の福島第一原発の事故を機に人びとの反原発意識が燃え上がり、ドイツは二〇一一年六月、二〇二二年までの原発の段階的廃止に戻した。

激しい弾圧に抗して闘い続けた原発反対運動。その後、議会に進出した緑の党の一貫した早期原発全廃の主張・活動。それが原発反対運動のスタートから四十年後に遂に実ったのである。一九七〇年代前半から始まった原発反対運動は、ドイツの人びとに対して放射性物質の危険性について知らせる環境教育の役割をした。ドイツ人は、もともと放射性物質など有害物質の身体や環境への侵害に対する警戒心が強い。国民性ともいうべき、この気質に反原発運動の環境教育的効果が重なり、脱原発を求める人が今や国民の圧倒的多数を占めている。

緑の党のレナーテ・キューナスト連邦議会議員団長が長い間、闘い続けた原発反対運動関係者の労をねぎらって、述べた次の言葉には脱原発達成の喜びと感懐が凝縮されている。

「今この時、まず感謝の言葉を述べなければなりません。三十年以上にわたり、この国で闘う勇気を持ち続けてきたすべての人たちに感謝します。平和的にデモをしながら、犯罪行為とされたり、極寒の日に水を浴びせられたりしながらも、闘うことをやめなかった人たち。彼らこそがドイツの未来に貢献してきたのです」(『アエラ』二〇一一年七月十八日号、松井健「ドイツ『緑の党』が抱えるジレンマ」)

注目されるのは、ドイツが再生可能エネルギーの拡大を始め、温室効果ガス排出量の削減、循環型社会の構築や憲法、すなわちドイツ基本法に環境保護の規定を盛り込むなどの一連の環境保全施策を積み上げていくうちに、ドイツが環境先進国の地歩確立に成功したことである。

そればかりか、再生可能エネルギー推進は雇用の増大と地域経済の活性化をもたらし、ドイツの経済成長に少なからずプラスしている。「環境施策は経済発展の足を引っ張る」という従来の通念を打ち破り、環境政策と経済政策の統合が一体的に進みつつある。

ドイツは過去二十年にわたり、政府と国民が一体となって、再生可能エネルギーの拡大に取り組んできた。その結果、再生可能エネルギーを電力生産の二三パーセント（二〇一二年末）にまで伸ばし、脱原発の基盤づくりに成功した。これから再生可能エネルギーを本格的に拡大させようとしている後発の日本にとって、ドイツの実績と経験は、よいお手本になり得る。ドイツと日本の原発政策・原発問題の歩みを比較するため、巻末に年表を付けた。

本書はドイツの原発反対運動が始まってから今に至るまでの四十年間のドイツの原発反対運動と原発・環境政策の歩みを政治のダイナミズムとの関わりの中でたどり、何がどのようにして今日の環境先進国ドイツの構築に役立ったのかを検証する。

文中、敬称は省略させていただいた。

二〇一三年六月

川名　英之

なぜドイツは脱原発を選んだのか【目次】

第4章　チェルノブイリ事故と放射能汚染

第5章　コール政権の太陽光・風力発電政策

第6章　社会民主党と緑の党の連立政権樹立

第7章　フクシマで破綻した原発延命策

第8章　福島事故は各国の原発計画をどう変えたか

装幀：六月舎＋守谷義明
組版：Shima.

第1章　反原発運動の前史

◆再軍備・核武装反対と原発反対運動

第二次世界大戦後、東西冷戦が激化すると、ソ連は東欧諸国に中距離核ミサイルSS20を配備した。NATO（北大西洋条約機構）は、これに対抗して西側陣営の最前線に位置する西ドイツにパーシングII型核ミサイルと中距離核ミサイルの配備計画を進めた。

核戦争が勃発すれば西ドイツは全滅するという恐怖が国民の間に広がった。このような状況の中、西ドイツ政府は原発の開発と建設に力を入れ始めた。これに対し、核兵器にも原発にも反対する運動が起こった。西ドイツでは原発反対運動と核兵器配備・核武装反対運動は出発点から一体だった。

ドイツでは、原発反対運動の中から生まれた緑の党は核、すなわち核兵器と原発に対する反対を党是とし、内政では脱原発と環境保護を基本的な政策としてきた。核兵器にも原発にも一貫して反対した一九七〇～八〇年代のドイツの原発反対派と、当時の日本の人びとの核兵器・原発に対する基本的な考え方の違いを知る必要がある。

まず、西ドイツで原発反対運動が始まる一九七〇年代初めまでの時期、連邦政府が取った核兵器配備政策と、これに対する反対運動の経過をたどり、次に核兵器反対運動と原発反対運動がどのように関連していたのかについて考察したい。

第二次世界大戦後、欧州では東西冷戦が激化し、ソ連が東欧に核ミサイルを配備、西ドイツは東西両陣営の冷戦の最前線に立たされた。北大西洋条約機構（NATO）はソ連の核戦略に対抗、西ドイツの領土に核兵器を配置する計画を発表した。

冷戦は年を追って激化し、西ドイツは一九五五年五月五日のパリ協定発効後、北大西洋条約機構（NATO）に加盟し、再軍備を本格化させた。五七年四月五日、首相アデナウアーは「西ドイツ軍の核武装計画を持っている」と、衝撃的な発言をした。これを重大視した核科学者一八人が同月十二日、「核兵器の製造、実験、使用には絶対に参加しない」という趣旨の「ゲッティンゲン宣言」を発表し、野党、社会民主党は労働組合とともに西ドイツに配備された米国の核兵器の撤去を訴え、全国各地で運動を繰り広げた。

この年八月、ソ連がモスクワ～ニューヨーク間を超える射程距離八千キロメートルの大陸間弾道ミサイル（ICBM）の開発に成功、十二月には米国が大陸間弾道ミサイルの実験に成功した。ソ連が東欧に弾道ミサイルを配備すると、北大西洋条約機構（NATO）がこれに対抗して米軍の大陸間弾道ミサイルの核弾頭を西欧に配備、これをNATO最高司令官の管理下に置いた。

一九五八年三月二十五日、西ドイツの連邦議会が国防軍の核武装を決定した。東西冷戦が激化する中、新たな核弾頭付きミサイル、短距離核ミサイル、核爆撃機飛行場、核弾薬庫、核部隊司令部、核防空壕などが連邦議会の決定によって、西ドイツ各地に配備された。

一九六〇年代に入ると、シュトラウス国防相が「西ドイツへの核兵器配備はソ連の核兵器使用を阻止する手段」として米国の核兵器配備を提案、米国が核兵器も装填可能な戦闘機とロケット発射台を米軍保有のまま西ドイツ国防軍に配備することに合意した。人びとは核戦争勃発への恐怖と不安にさらされ、核武装・核兵器に反対するデモが盛んに行なわれた。

一九七七年、米国が中性子爆弾の生産・配備計画を発表、ソ連がこれに対抗して中距離ミサイル「SS20」を東欧に配備し始めた。これに対し北大西洋条約機構（NATO）は同月、欧州の中距離核ミサイル「SS20」の制限に関する米ソの交渉にソ連が応じるよう求めた。そしてソ連がこれに応じなければ、NATOは欧州五カ国に巡航ミサイルを四六四基、西ドイツに中距離核ミサイル「パーシングⅡ型」を一〇八基、配備することを決めた。

一九七九年十二月二十五〜二十六日、ブレジネフ政権下のソ連軍四〇〇〇〜五〇〇〇人がアフガニスタンに侵攻した。冷戦の激化とともに、欧州の核装備はエスカレートし、英国、西ドイツ、オランダ、イタリアなどでは核戦争への恐怖が人びとを覆った。

一九八一年、核兵器・核戦争に反対する平和運動が世界に広がり、西ドイツでは同年十月十日、当時の首都、ボンのホーフガルテン広場でプロテスタント組織の「平和への奉仕」部会（ASF）が三〇万人を集めて大規模な平和集会を開催した。八二年もデモの参加者が延べ四〇万人を数え、八三年にかけて反核・平和運動がピークに達した。

日本では、一九五五年八月六日の「第一回原水爆禁止世界大会」参加者五〇〇〇人が核兵器反対集会参加者の最多だから、ドイツとは大きな違いである。

パリ条約発効でスタートした原発開発

第二次世界大戦の終結から十年後に当たる一九五五年五月五日、パリ協定が発効し、西ドイツは主権を回復した。この協定で、西ドイツは核の軍事的利用放棄を公約する一方、原子力の平和利用、すなわち原子力発電の建設などを連合国から正式に許可され、西ドイツは政府も産業界も一斉に原発開発に向けて取り組みを始めた。

第二次世界大戦の終結後、今日に至るまでのドイツ（一九九〇年十月までは西ドイツ）の政権の移り変わりを概観し、政治と社会の変遷と原発政策・原発反対運動の流れを跡づけてみたい。戦後六十七年間、ドイツの政権は次のように推移した。

（1）一九四九年九月～一九六九年十月＝首相はキリスト教民主同盟（CDU）党首のコンラート・アデナウアー（一九四九～六三年）、ルートヴィッヒ・エアハルト（一九六三～六六年）、クルト・キージンガー（一九六六～六九年）の三人。

アデナウアーは西ドイツの発足から二十年間、政権を担い、戦後の厳しい冷戦体制の中、軸足を西側に置いて核兵器の配備と再軍備、復興に取り組んだ。アデナウアー政権時代六年目の一九五五年五月、パリ条約が発効して原発開発が始動した。

アデナウアーと、その後継のエアハルトの時代の政権与党はキリスト教民主同盟（CDU）とキリスト教社会同盟（ＣＳＵ）、自由民主党の三党。キリスト教社会同盟はバイエルン州だけの独立した組織で、連邦議会ではキリスト教民主同盟と緩やかな連合体を作っている。これは保守（キリスト教民主同盟、キリスト教社会同盟）・中道（自由民主主義）の連立政権である。

キージンガー政権の与党はキリスト教民主同盟とキリスト教社会同盟の保守政党に、穏健改良主義の革新政党である社会民主党が加わり、戦後初の保守・革新両党の大連立政権となった。

（２）一九六九年十月〜八二年十月＝首相は社会民主党（ＳＰＤ）党首のヴィリー・ブラント（一九六九〜七四年）、ヘルムート・シュミット（一九七四〜八二年）の二人。

政権与党は、いずれも社会民主党と自由民主党の二党。これは革新（社会民主党）と中道（自由民主党）の連立政権である。

シュミット首相の時代は与党の社会民主党と自由民主党が原発建設を積極的に推進し、これに反対する運動が高揚した。反原発運動、核兵器反対（反核）・平和運動、環境保護運動、フェミニズム運動などの新しい社会運動に起源を持つ緑の党が環境保護政党として誕生、国政に進出してシュミット政権を終わらせる一つの要因となった。

（３）一九八二年十月〜九八年九月＝八二年十月の自由民主党による連立解消で、シュミット政権が崩壊。翌八三年三月、連邦議会選挙。キリスト教民主同盟とキリスト教社会同盟の保守二党と自由民主党からなる連立政権が成立。首相はキリスト教民主同盟党首のヘルムート・コール。コール政権の時代は新型核兵器配備計画に反対する反核・平和運動の高揚、新型核兵器の配備、チェルノブイリ原発事故、ベルリンの壁の崩壊、東西ドイツの統一を経て一九九八年に社会民主党と「緑の党」政権の成立に至る十六年間。

（4）一九九八年九月～二〇〇五年九月＝首相は社会民主党のゲルハルト・シュレーダー。政権与党は社会民主党と「緑の党」の二党。この連立政権の時代にドイツは初めて脱原発政策を打ち出した。

（5）二〇〇五年九月～二〇〇九年九月＝政権はキリスト教民主同盟とキリスト教社会同盟の二党と社会民主党の大連立。首相はキリスト教民主同盟党首のアンゲラ・メルケル。

（6）二〇〇九年十月、キリスト教民主・社会両同盟と自由民主党の連立からなる第二次メルケル政権発足。第二次メルケル政権は社会民主党と緑の党の連立政権が決めた原発の寿命を見直し、延命を図ったが、二〇一一年三月十一日の福島第一原発事故の発生でこれに反対する世論が高まり、覆された。

◆西ドイツ原発開発の草創期

日本とは異なる基礎研究重視

西ドイツ政府（以下、連邦政府）の原発開発の基本方針は基礎研究を重視し、自主炉の開発を目指すというものだった。この連邦政府の方針は、基礎研究を退け、政治主導でまず米国や英国の原子炉を輸入して原子力発電を急いだ日本の原発開発方式とは、対照的なものである。

一九五五年十月、連邦政府は連邦、州、民間企業の関係を調整するため、連邦原子力・水力経済省を設置し、原子炉建設計画を発表した。一九五〇年代後半、連邦政府の原発開発の中心的な担い手は原子力・水力経済相のジークフリート・バルケ博士だった。バルケは「新しいエネルギー源（原発）の開発によってドイツの生活水準が改良される」と言い、問題視されていた放射性廃棄物の処分問題について、連邦議会で「化学工業が一九六二年までに放射性廃棄物の処分問題を確実に解決する」と発言した。

翌五六年一月、連邦政府は諮問《しもん》機関として産業界・学会・政府の代表で構成するドイツ原子力委員会を発足させた。同委員会は放射性廃棄物の最終処分場を一九六三年までに岩塩層に建設する方針を決めるとともに、五六年から六二年までの七年間を対象年次とする第一次原子力計画を策定し、①発電炉の速やかな建設、②高温ガス炉や高速増殖炉の中長期的な開発——の二点を提言した[1]。

一方、産業界では原子炉や発電プラント機器の製造に関心を持つ、ヘキストをはじめとする化学産業やシーメンスなどの電機産業、クルップなどの鉄鋼業界が研究班を設置した。五八年、原子力委員会は原発を一〇〇パーセント国産化することを目標に掲げ、西ドイツ独自の研究開発に基づく原発の建設に取り組んだ。五九年、原子力の振興と広報活動を行なうための非営利団体としてドイツ原子力会議が設立され、この会議への加盟企業は二〇〇社にのぼった[2]。

委員会は七年間、多様な実験用原子炉の建設に取り組んだが、商業利用の可能な自主型炉の実用化は十分な成果を挙げることができなかった[3]。

このため第二次原子力計画期間の一九六三～六七年には、商業炉は当時、世界的に有望視され始めていた米国の軽水炉、新型炉は高速増殖炉と高温ガス炉に絞り込み、政府主導で重点的に開発を進めた。これを受けて西ドイツの電力会社は軽水炉、高温ガス炉、高速増殖炉を発注した。

その結果、一九六五年、西ドイツ最初の実験的な原子力発電所であるカールスルーエ原発が完成した。カールスルーエ市議会は原発建設に反対の決議をしたが、その後、市長側の懐柔策が功を奏して反対派の議員がごく少数になった。

一九六七年、西ドイツの原発建設が本格化した。(4) 連邦政府は同年、「一九六二年までに放射性廃棄物処分問題を解決する」としたバルケ発言を受けて、ニーダーザクセン州の、東ドイツとの国境近くに位置するアッセ旧岩塩鉱山跡地を取得、放射性廃棄物の研究所を設けて処分方法を検討した。

第三次原子力計画（一九六八～七二年）と第四次原子力計画（一九七三～七六年）では、政府が高速増殖炉と高温ガス冷却炉の新型炉二種の開発に重点を置いた。

七二年の時点では、実験的なプラント（二〇メガワット未満）が五つ、デモンストレーション施設（一〇〇～三二八メガワット）が三つ、工事中の大規模原子炉が一二基（六〇〇メガワット前後）完成し、計画段階の原子炉が一〇基に増えた。そして三つの炉型を合わせた原発の発注数は一九七五年には九基を数えた。(5)

こうして西ドイツは一九七〇年代に原子炉の輸出市場に参入できるまでに技術力と原子炉輸出の競争力を高め、一九六八年にアルゼンチン、六九年にオランダからそれぞれ原子炉を受注し、七五年にはブラジル、七六年にはイランと商業契約を結んだ。当時、西ドイツの新聞各紙は、ほとんどが原子力発電に積極的だった。「原子力の方が従来のエネルギー源よりコストが安い」と主張した新聞もあった。

社会民主党の現実路線とブラントの環境政策

社会民主党は一九五七年の連邦議会選挙でも、同党が自由民主党と連立政権を組んでいたノルトライン・ヴェストファーレン州で五八年に行なわれた州議会選挙でも、敗北した。相次ぐ敗北で社会民主党は反核運動や軍事政策を含む全政策の見直しに着手、五九年十一月、福祉国家の実現に重点を置いた現実路線への転換を基調とするバート・ゴーデスベルク綱領（一九五九〜一九八九年）を採択した。

社会民主党は、この新綱領を基に党内の急進左派グループを追放し、反核運動からも手を引いた[6]。この政策転換は同党の支持拡大をもたらし、一九六六年、同党はキリスト教民主同盟、同社会同盟との大連立の形で初めて政権に参加した。

バート・ゴーデスベルク綱領の採択から十年後に当たる一九六九年九月の連邦議会選挙で、社会民主党は国民的な人気のあるヴィリー・ブラント（図①参照）元西ベルリン市長を首相候補に立て、「西ドイツを危機から救い出す」ことなどを公約に掲げて選挙戦を戦った。

有権者の反応はよく、同党史上、初めて四割を超す得票率を獲得、前回選挙（一九六五年）よりも二二議席増の二二四議席を占めた。第一党の座はキリスト教民主・社会同盟が依然、確保したが、第二党になった社会民主党は第三党の自由民主党（ＦＤＰ）と連立政権を樹立、ブラントが首相に就任した。

ヴィリー・ブラントは一九一三年十二月十八日、北ドイツの港町、リューベックで生まれた。一九三〇年、社会民主党に入党。三三年、ナチスの追及を逃れてノルウェーに亡命、ヘルベルト・フラームという本名をヴィリー・ブラントに変えて各地を転々とした。三六年、スペイン内戦の報道に携わり、四〇年にはスウェーデンに亡命して反ナチスのレジスタンス運動を続けた。ナチス・ドイツが崩壊した一九四五年、ブラントは三十一歳。ノルウェー軍事使節団の情報将校だった。

故国に帰ったブラントは四七年、社会民主党ベルリン支部長に就任した。五七年、西ベルリン市長、六四年、社会民主党党首となる。六七年一月、キリスト教民主・社会同盟と社会民主党の大連立政権（首相はキージンガー・キリスト教民主同盟党首）が成立すると、ブラントは西ドイツ副首相兼外相に就任した。一九六九年の連邦議会選挙で社会民主党が勝利、党首のブラントは社会民主党と自由民主党の連立政権を誕生させ、戦後二十年間続いたキリスト教民主・社会同盟の長期政権に終

図①　1969年9月の連邦議会選挙の社会民主党（SPD）選挙ポスターに載った党首ヴィリー・ブラントの写真。この選挙で同党が第一党になり、ブラントが首相に就任。1969年9月、筆者、写す。

止符が打たれた。社会民主党首班の誕生は四十年ぶりである。

西ドイツ初の社会民主党出身の連邦首相となったブラントは前政権の外相時代に手がけた「東方外交」、すなわち東ドイツやソ連を始めとする共産主義諸国との関係改善を強力に推し進め、一九六九〜七二年の三年間に西ドイツ・ソ連条約、西ドイツ・ポーランド正常化条約、ベルリン協定、東西両ドイツ基本条約（仮調印）が締結された。

東西冷戦が続く中、これらの条約や協定の締結はヨーロッパの緊張緩和に極めて重要な役割を果たし、翌七一年十月、ブラントにノーベル平和賞が授けられた。七〇年十月、ナチスのユダヤ人弾圧で知られるワルシャワのユダヤ人居住地区（ゲットー）を訪れた際、ブラントはドイツ人の罪の重さに耐えかねて、虐殺の記念碑の前に、思わず進み出てひざまずき、謝罪の意を態度で表明した行為は、あまりにも有名である。一九七二年の選挙では、さらに六議席増上積みして二三〇議席を獲得した。

ブラントが政治生活の歩みの先々で刻んだ足跡の根源には、祖国を逃れて流浪の日々を送った逆境の青年時代に培われた平和への不屈の意志と、持って生まれたヒューマニズムがあったと見られている。

環境教育の開始とその影響

ブラントは環境政策の分野でも、大気汚染公害防止の必要性を訴え、世界に先駆けての環境教育の実施、後世の「予防原則」につながる「事前配慮の原則」の導入など優れた施策を次々に手がけた。

一九五〇年代後半、西ドイツでは工場の生産活動が活発化した。自動車交通量が急増し、大気汚染が激化した。また空港の騒音公害や水質汚染、自然破壊などが社会問題となり、市民運動が全国各地で活発化した。翌六一年、環境問題に熱心なブラントは選挙戦で「これまで政府は何百万人もの人びとの健康に影響する大気汚染の防止を完全に怠ってきた。ルール地方の空はふたたび青くしなければならない」と訴えた。以来、「ルール地方に青空を」が公害反対のスローガンとなり、同時にブラントの環境対策のシンボルともなった。

首相就任の翌年に当たる一九七〇年、ブラントはそれまで内務省が所管していた公害対策・環境保護、原発の安全性に関する業務と、食糧農業省が所管していた大気汚染、水質汚染、騒音の防止、ゴミ処理と自然保護関係の業務を統合、一括して連邦内務省の所管とした。

そのうえで、ブラントは環境政策・環境立法の基礎となるべき環境プログラムの策定をハンス・ゲンシャー内相に指示した。これを受けて同省のギュンター・ハルトコプフ事務次官を筆頭とする同省の官僚が数人の政治家、学識経験者、経済団体、労働組合の各代表の参加を得て西ドイツ初の環境プログラムの策定に取り組んだ。

七一年九月、策定された「連邦環境プログラム」には世界初の施策が二つ盛り込まれた。

一つ目は、現在、重要視されている予防原則の概念の原点である環境汚染に対する「事前配慮の原則」である。「事前配慮の原則」は人間や動植物、大気、水質、土壌への危険物質の侵害に配慮し、被害が予想される場合には事前に防止すべきであるとの理念である。この原則がブラント政権時代から十九年後の一九九二年六月の国連環境開発会議（略称・地球サミット。ブラジルのリオデジャネイロで開催）で採択された「リオ原則」第一五原則に「予防原則」として導入された。「リオ原則」は「深刻な被害の恐れのある場合には、たとえ科学的な確実性が得られていなくとも、それを理由に対策を延期すべきではない」という趣旨だが、その理念は「事前配慮の原則」と同じである。事前配慮はドイツ語でフォアゾルゲ（Vorsorge）で、ドイツ人の国民性とも言うべき不安（Angst アンクスト）や警戒心とも重なる。「リオ原則」は環境保全のために予防原則を積極的に適用し、普及させていくよう求めている。

二〇〇四年五月一日、ＥＵ（欧州連合）は二五カ国に増え、六月、「欧州憲法条約」を採択した。この条約の第五章に「欧州の環境政策は予防原則、及び未然防止、汚染者負担、発生源原則に基づかなくてはならない」と書かれた。一九七〇年にブラント政権が導入した予防原則は四十年後の今、時代の潮流になっている。

二つ目は、全国的な環境教育の実施計画である。「環境教育プログラム」は「個々の市民が環境に配慮した行動を通じて環境の保護、よい環境づくりに関与すべきである」として、「環境を意識した行動」を取ることができるような教育を、その目標に掲げた。国を挙げての環境教育への取り組みは西ドイツが世界最初である。

西ドイツでは、州が教育に関する権限を持つため、各州が「環境教育プログラム」に基づき、基礎学校（初等教育）、ギムナジウム（中等教育の大学進学コース）、基幹学校（中等教育のうち、主に卒業後に就職する生徒のコース）、実業学校（中等技術者の養成と専門の上級学校・大学への進学コース）、大学について学習指導要領で具体的な指針を定めた。

環境教育は徐々に広がり、一九八〇年代には全国に普及した。環境教育の普及によって環境保全意識の高まった人びとは環境政策の一層の充実・強化を求める。環境教育世代が増えれば増えるほど、社会に環境保全意識を持ち、実効ある環境施策を求めるようになる。

例えば緑の党の党員と支持者について見よう。この党の草創期の特徴は高学歴で、しかも高い環境保全意識を持つ若者たちが党員の年齢構成中、非常に高い割合を保持していることである。彼らは環境教育を受けて先進的な環境保護政策や原発反対運動に真剣に取り組む緑の党と、その政策に共鳴し、支持者や同調者になったからだ。

こうして環境意識の高い世論が形成され、その世論に押されて政治がより先進的な環境施策を打ち出す。西ドイツと統一ドイツは、こうしたダイナミズムの中で環境先進国としての地歩を築き上げていったのである。

ブラントは首相時代、原発を推進したが、一九八九年四月のチェルノブイリ原発事故後、自らの原発政策を深く反省し、社会民主党の脱原発路線をリードした（一一七〜一一八ページ参照）。

◆シュミット政権の原発大増設計画

隣国フランスの原発推進に焦り

一九七三年十月六日、第四次中東戦争が勃発、これがきっかけで世界の原油価格が一挙に四倍も高騰、第一次石油危機が発生した。その結果、電力不足と深刻な不況が世界を覆い、先進工業諸国の経済成長率は大幅に鈍化した。とりわけエネルギーの石油依存度がドイツよりはるかに大きいフランスは石油危機で深刻な影響を受けた。

フランスは、これを教訓として一九七四年、原発の大量建設計画を立てた。核兵器の開発と原子力エネルギー開発は国是とされ、核の軍事目的を優先させながら大統領のリーダーシップで原発建設と核軍備増強を渾然一体として強力に推進し始めた。

一九七三年十月、第一次石油危機が発生すると、フランス政府は「一九八五年までに一〇〇万キロワットの原子炉五〇基以上を二〇カ所の巨大発電所に建設、その後二〇〇〇年までに一億七〇〇〇万キロワットの電力を原発によって生産するという、大掛かりな原子力発電計画を策定した。一九七四年から原子力庁がフランス電力公社と連携しながら一元的に原発開発を推進し、一九七九年の第二次石油危機（イラン革命に伴うイランの石油輸出禁止措置がもとで発生）当時の電力生産全体に占める原子力発電の比率、八パーセントを一九八五年までに五五パーセントに引き上げた。

フランスは、さらに原発による電力生産で排出される使用済み核燃料廃棄物の再処理と核燃料サイクルの確立を重要視し、一九六六年、世界最大の核燃料再処理施設、ラ・アーグ工場を完成、フランス核燃料公社が操業を開始した。フランスでは大規模な原発増設政策が実施されても、ドイツで見られたような激しい反原発運動が起こらず、フランスは世界の原発大国への道を歩んだ。

二〇〇二年末、フランスの原子力発電の比率は七八パーセントに達し、フランスは発電容量が米

図② 西ドイツの核兵器配備個所と原発建設地一覧（1982 年現在）

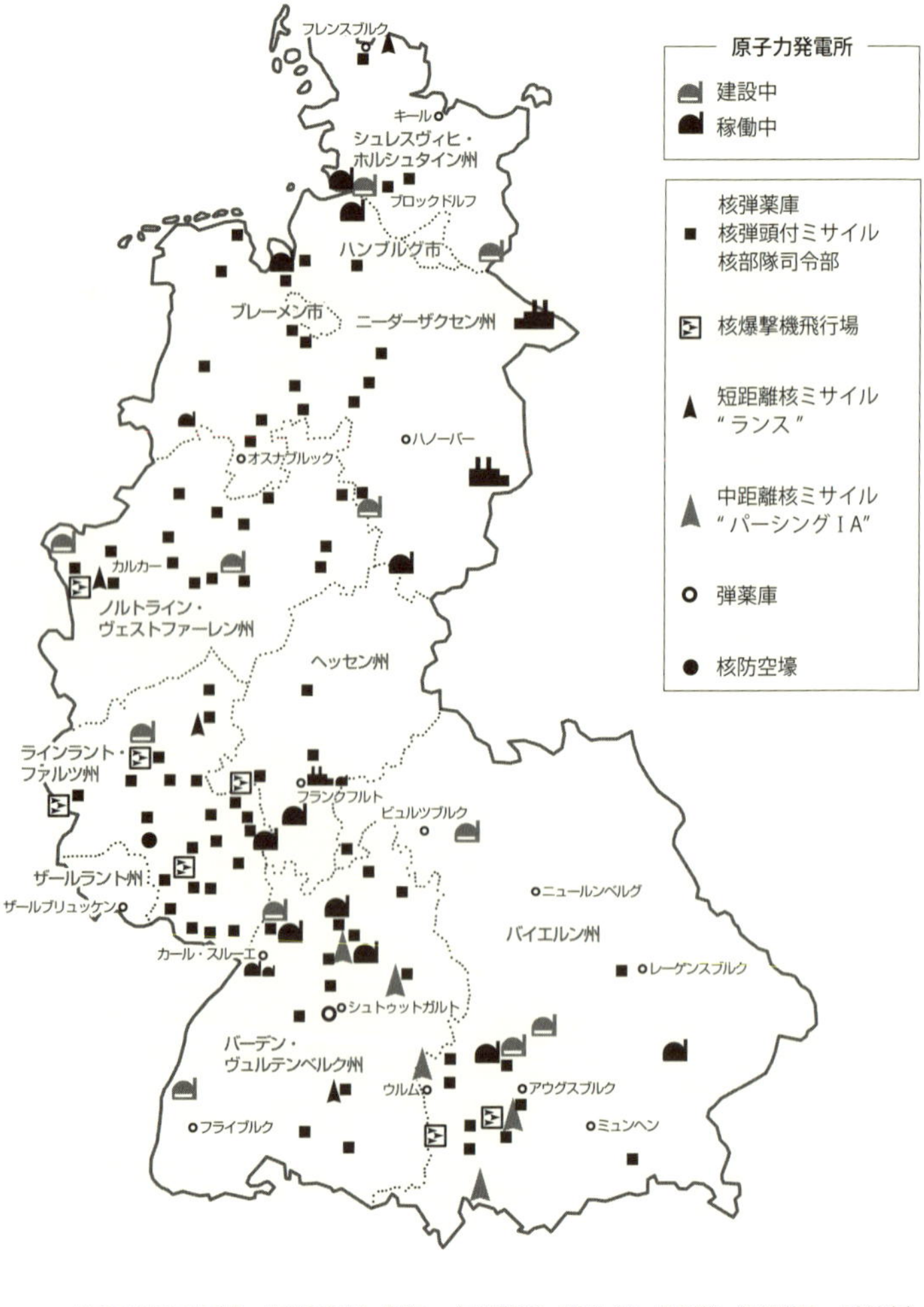

出所：遠藤マリア著・松岡信夫協力『ブロックを超える―西ドイツ・緑の党』（亜紀書房， 1983 年）

国に次いで世界第二位の「原発大国」になった。フランスは原発によって生産した余剰電力をイタリア、英国、スイスなどに輸出、その輸出量は国内総発電電力量の一五パーセントに達した。

これと比べて西ドイツでは軍事利用目的の核兵器開発が禁じられ、原発建設着手の時期もパリ条約の発効まで待たなければならなかったために、原発建設はフランスに比べてひどく立ち遅れた。西ドイツ政府には、立ち遅れた原発建設を促進し、取り戻さなければならないという焦りが絶えず付きまとっていた。

一九七四年四月九日、ブラントの首相秘書、ギュンター・ギヨームがドイツ民主共和国（東ドイツ）の国家保安省から派遣されたスパイであることが発覚、逮捕された。国家機密の漏洩《ろうえい》事件に対する責任論が高まり、ブラントは首相のポストをヘルムート・シュミット財務相に譲って首相を辞任した。

西独の石油危機対応策

一九七四年五月、シュミットがブラントの後を継いで政権に就いた。その五カ月後の十月、第一次石油危機が発生した。シュミット政権は石油依存率の引き下げをエネルギー政策の最優先課題と位置づけ、それを実現する有効な方策は、①原発の大量建設、②石油消費量を削減し、エネルギー消費に占めるシェアが三割と高いのに斜陽の自国産石炭産業を保護する、この二つであると判断した。

シュミットは直ちにエネルギー計画の改定に着手し、早くも十一月に策定を終えた。策定された第一次改定計画は石油輸入量の削減に伴う代替エネルギー源の確保策として、国家的レベルでの原発増設と自国産石炭の生産増加の二施策が主眼である。連邦議会の全政党がこの計画に賛同した。

このうち、原発増設計画は一九八五年までに原発五〇基を建設、原子力発電設備容量を一九七四年時点の二三〇メガワットから一九八五年には四万五六〇〇メガワットへ大幅に増やし、これによって西ドイツの電力総生産量に占める原発のシェアを約四〇パーセントにまで引き上げようという野心的な内容だった。

これに合わせて、州レベルの社会民主党政権も原発建設を推進した。その結果、西ドイツでは一九六九年から七五年まで毎年二基以上の商業用軽水炉が発注され、七五年には七基もの大量発注があった。このほか新型炉、核燃料サイクル部門の本格的開発も進められ、原子力産業は七〇年代半ば、全盛期を迎えた。

しかし、わずか十年余の短期間に五〇基もの原発を建設する連邦政府の性急な原発政策は軋轢《あつれき》を生み、計画どおりには建設が進まなかった。一九七七年十二月、シュミット政権はエネルギー計画の第二次改定を発表したが、第一次改定計画に明記した原発建設の数値目標は消えていた。実際に整備された発電能力を見ると、一九八五年までに計画の三分の一強に当たる一万六〇〇〇メガワット、八九年の時点では五三パーセントに当たる二万四〇〇〇メガワットである。シュミット政権時代の八年間（一九七四〜八二年）に限れば、建設された原発は一六基である。

シュミット政権は「原発を大量に建設すれば、斜陽の石炭産業が破綻して大量の鉱山労働者が失業する事態も心配される」として、競争力の弱い石炭産業にさまざまな保護策を講じた。その一つが国産の石炭を火力発電に使う電力業界に対する年五〇億マルク（四一三五億円）の補助金交付で、第一次改定計画に盛り込んだ。

石油を燃料とする火力発電所の新設は禁止され、燃料を重油から石炭に転換する電力会社にはコスト負担に見合う補助金を交付した。また電力業界は政府の指導により、石炭業界から十五年間にわたり石炭を引き取る長期契約を締結し、使用する国内炭を徐々に増やしていった。

西ドイツでは石炭総消費量の半分以上が発電所の燃料として使用されていたから、各種補助金の交付は石炭消費量の増加につながり、石炭業界にとって有効な支援策となった。だが長年の補助金交付は、やがて連邦政府と関係州政府の財政を圧迫することになる。石炭業界への補助金による財政圧迫に原発建設反対運動の激化が加わって原発批判派が台頭、原発の建設は国論を二分するほど大きな問題になった。このため一九七六年以降、一九八〇年代初頭までの間、原発の新設は事実上、凍結状態になった。(7)

石炭の大量使用が招いた酸性雨被害

シュミット政権時代の八年間（一九七四〜一九八二年）、石炭産業の保護施策によって増産された石炭は火力発電所や工場の燃料として使われた。大量の石炭が排煙脱硫装置や脱硝装置を取り付けずに消費されたため、排出された硫黄酸化物や窒素酸化物が大気汚染と酸性雨を発生させ、それがドイツ全土の広範な森林の枯死・衰弱を引き起こす原因となった。ブラント時代、熱心だった連邦政府の大気汚染防止対策はシュミット時代には経済成長やエネルギー開発を優先する政策のために二の次にされた。

この問題を衝いたのが、後に環境保護政党として産声を上げた緑の党である（八五ページ参照）。環境保全意識への配慮の欠落したシュミット政権の石炭の大量消費政策が原発の大量建設政策と並んで、緑の党の誕生と躍進を生む基盤となったと言えるだろう。

これに関連して、シュミットはチェルノブイリ原発事故を経た一九八八年、日本の総合雑誌『世界』（一九八八年五月号掲載記事）、「理にかなうエネルギー政策」の中で次のように語り、首相在任期間中に自らが取ったエネルギー政策を正当化している。

「エネルギー輸入によって第三の価格変動が起こり、一挙に四五〇万人もの失業者を生み出さないためにも、国内の石炭産業を維持することが必要であり、その一方で国家的レベルで原子力発電を促進する政策を取ったことは取りあえずの措置としては正しかったと信じている。当時、連邦議会に属するすべての政党はその決定に加担していたのだが（ただ緑の党は当時まだ存在していなかった）、それは恥ずべきことがらではない」

コラム

唯一の原爆被災国日本が原発大国に

日本は一九四五年八月六日、広島に、九日、長崎に原爆を投下され、世界唯一の核被爆国となって敗戦を迎えた。投下された爆弾による広島の被害者は五五万七四七八人、うち死者は約二七万七九九六人（二〇一三年三月、広島市の報告書）、長崎の死者は一九四五年十二月末の同市の推定で七万三八八四人、負傷者は七万四九〇九人。

広島、長崎の原爆投下から九年後の一九五四年三月一日午前四時すぎ、マーシャル諸島・ビキニ環礁で米国の水爆「ブラボー」の爆発実験が行われ、静岡県焼津のマグロはえ縄漁船「第五福竜丸」の乗組員が被曝する事件が発生した。「第五福竜丸」は米軍の指定した「危険水域」外で操業をしていて、核実験による「死の灰」を浴びたのである。

久保山愛吉無線長は重い肝臓障害を起こし、内臓の造血管や解毒器官が体外の放射線と内部被曝によっておかされ、被曝から半年後の九月二十三日、死亡した。

広島上空で原爆が炸裂した瞬間（AP 提供）

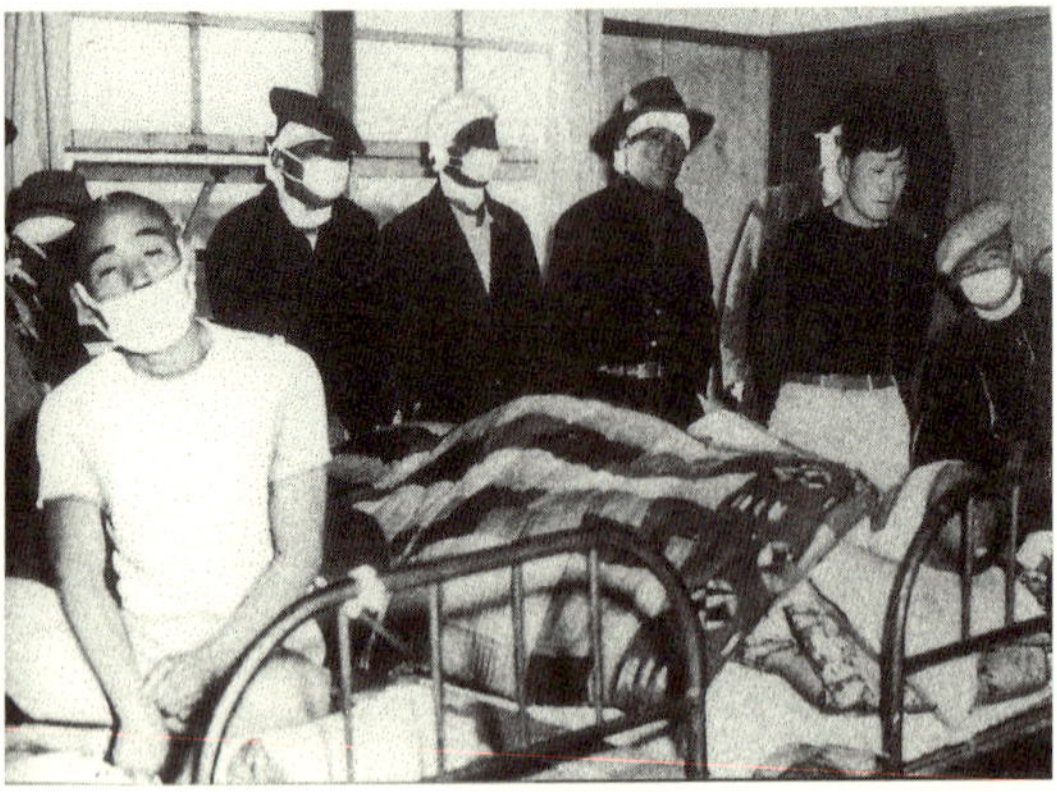

「第五福竜丸」の乗組員たち。ベッドには症状の重い久保山愛吉無線長。1954年4月、写す。（毎日新聞社提供）

日本では多くの人が「第五福竜丸」乗組員の被曝を広島、長崎の原爆被災に続く「三度目の核兵器被害」と受け止めた。東京都杉並区では原水爆反対の署名運動が自然発生的に起こり、九月の久保山の死後、大きく盛り上がった。

署名数は加速度的に増加し、一九五五年八月の「第一回原水爆禁止世界大会」までに全国の成人の半数以上に当たる三一五八万三一二三人に達した。

ビキニ水爆実験と、これによる「第五福竜丸」乗組員の被曝は核兵器をめぐる国際政治に影響を与えた。インドのネール首相が五五年三月二十九日、核兵器を持つ国々に対して核実験の中止を呼びかけ、四月十八日からインドネシアのバンドンで開かれた「アジア・アフリカ諸国会議」（参加国・日本を含む二十四カ国）は最終コミュニケの中で、「軍縮および原子核・

熱核兵器の製造・実験・使用の禁止が人類と文明を全面的滅亡から救うために緊急に求められている」と指摘、核戦争発生の危険に対する注意を喚起した。

アジア・アフリカ諸国は、これを踏まえて六一年十一月二十四日、国連総会に対し「核兵器使用禁止を求める決議」を一一カ国共同提案の形で提出、この決議が賛成五五カ国、反対二〇、棄権二六カ国で採択された。全世界の原水爆禁止署名数は五五年春の時点で六億六〇〇〇万人。日本から始まった原水爆禁止署名運動は世界人口約三五億人の六分の一という膨大な数の署名に発展した。

この署名運動が盛り上がりを見せる中、米国、ソ連、英国の三カ国は一九六三年八月五日、「部分的核実験停止条約」に調印した。

ビキニ水爆実験による「第五福竜丸」乗組員被災事件は日本の人びとの間に原水爆実験反対の声を強めると同時に、対米感情の悪化をもたらした。米国国防省は「第五福竜丸」乗組員の被曝事件によって日本で反核運動と反米の動きが高まったことを憂慮し、警戒した。そして国家安全保障会議宛て公文書で日本に原子力の平和利用、すなわち原子炉建設を促すよう提案した。提案の基には原水爆禁止運動の懐柔と反米感情の高まりを抑え込もうという狙いがあった。

一九五四年四月二十七日に開かれた国家安全保障会議の作業部会では、反核・反米の動きを抑え込むために、原子力の平和利用博覧会を日本で開催する方針が決まった。日本国内にも、これに同調する有力新聞社（読売新聞社）が現れ、米国と密接に連絡を取り合った。その結果、原子力の平和利用博覧会が五七年九月まで全国十一都市で開催され、博覧会来場者の合計は二六〇万人を超え、「原子力の平和利用」がブームになった。

日本では西ドイツのように、核兵器と原発を一体として捉え、これに反対する運動は大きく育たなかった。それどころか、広島、長崎の原爆被災と「第五福竜丸」事件の後、原水爆反対運動が大きく広がったにもかかわらず、「原子力の平和利用」ブームに国民が呑み込まれていった。被爆者の原水爆反対運動までが一時、「原子力平和利用ブーム」の影響を受けた。

「第五福竜丸」事件後に活発化した原水爆禁止運動に加わり、初の原水禁世界大会（一九五五年・広島市）の開催を提案、五〇〇〇人を集めて成功させた哲学者、森滝市郎も、影響を受けた一人だった。森滝は原発普及キャンペーン当時、原子力の平和利用に希望を抱いた。しかし、後に考えを改め、「穴に入りたいほど恥ずかしい空想を抱いていた」と述懐、各地の反原発運動にも関わるようになった。

そのきっかけは、一九七五年四月、森滝が非核太平洋会議に参加したとき、出会ったオーストラリア先住民の反核運動家、シェリル・ブハナンの訴えだった。原発を動かすウラン採掘のために同胞が聖地と仰ぐ土地を奪われたうえ、放射能汚染のある危険な鉱山採掘現場で働かされている実態を話した。森滝は、原水爆も原発も核の開発・利用という点で同じであり、人類が生きるためには核を否定するしか道がないという考えに到達したという。

福島第一原発の巨大事故は、日本にとって広島、長崎、第五福竜丸事件に続く第四の放射能汚染・被曝となった。

第2章　激化する原発反対運動

◆ヴィール原発の建設中止

最初の原発建設予定地はブライザッハ

石油危機以降、原発の大量建設に舵を切った西ドイツ政府は一九七〇年、バーデン・ヴュルテンベルク州南西部の町、ブライザッハの森を原発の最初の建設地に選び、密かに原発の立地調査を進めた。散歩中、近くを通りかかった住民がそれを目撃、不審に思って調べてみた。すると、四基の原子炉を持つ原発を建設するための調査であることが明らかになった。

社会民主党政権と州政府が原発の大量建設推進政策を強行した結果、原発反対運動が活発化し、核兵器施設の配備反対運動と重なり合って反核デモが激化した。それまで社会民主党（ＳＰＤ）を支持していた市民運動グループ、政治運動の活動家、学生、若い世代の知識層などから少なからぬ人びとが社会民主党を離脱して原発反対運動に参加した。

直ちに反対運動の組織化が始まり、医師、薬剤師など高学歴の中間層を核とする小さな反対グループやブドウ栽培農家を主体とするグループが、それぞれ一九七一年までに運動団体「市民イニシアティブ運動」を結成した。フライブルク大学では化学専攻の学生や研究者たちのグループもつくられた。「市民イニシアティブ運動」は当時、西ドイツ全土に二〇〇以上、存在していた。

州政府当局はブドウ栽培農家への対策に専門家を派遣した。しかし、農家は専門家の農業への理解不足を知り、かえって不信感を募らせた。州担当大臣の現地訪問も同様に失敗した。

また、一九七〇年にはライン川を挟んだブライザッハの対岸、フランスのフェスネム（ドイツ語名はフェッセンハイム）にフランス最初の商業用原発（軽水炉）を建設する計画が持ち上がった。地域の人びとは同年八月「フェスネム・ライン平野防衛委員会」を結成、翌七一年四月、約一五〇〇人がフェスネム原発に反対する全国規模の抗議行動を行なった。

ブライザッハとフェスネムの原発計画に反対する独仏両国住民は運動の連携に取り組み、七一年六月、共闘組織「原発による環境の危険化に反対するライン上流委員会」を結成した。これを基に、七二年五月、「ライン渓谷行動」がブライザッハを中心に結成され、フェスネムでのデモにドイツ側住民が参加した。その返礼として、フランスの農民六〇〇〇人が同年九月、ドイツ側でブライザッハ原発建設計画に反対するデモを行なった。

七二年六月、全国各地で活動している「市民イニシアティブ運動」（前述）など約一〇〇〇団体を緩やかに組織化したネットワーク、「環境保護市民イニシアティブ全国連合」（略称・ＢＢＵ）が結成された。ＢＢＵが組織した環境保護運動団体の会員総数は約三〇万人。ＢＢＵは無党派環境保護運動の最初の全国組織で、当時、西ドイツで最も有力な環境ＮＧＯとして、注目を浴びた。五月に結成された「ライン渓谷行動」はＢＢＵの主要加盟団体となった。

ヴィール原発の着工

一九七三年七月十九日、原発建設予定地がブライザッハからヴィールに変更されたというニュースがラジオで流れた。この原発建設地の変更も、ブライザッハへの立地選定と同様、バーデン・ヴュルテンベルク州政府当局が地域住民の頭越しに決定したものだった。翌二十日、ヴィール村の官報には原発立地計画が正式に発表され、二十二日に立地に関する住民説明会を開催することが通知された。

ヴィールの原発計画の事業主体は、バーデン電力とシュヴァーベン・エネルギー供給会社がそれぞれ五〇パーセントずつ出資して設立した南原子力発電所有限会社（ＫＷＳ）だった。ＫＷＳはフライブルク市の郊外に広がるヴィール村のブドウ畑に出力一三〇万キロワットの加圧水型軽水炉（ＰＷＲ）を二基建設する計画で、建設費は一三億マルクと概算されていた。

ヴィール村は旧西ドイツ最大の森林、シュヴァルツヴァルト（黒い森）の山裾に当たる自然の豊かな土地柄で、地域の人びとは古くから森をこよなく愛し、自然への愛着が強かった。一部の村人たちが原発絶対反対を唱えた。しかし、村長は「原発の立地で営業収入が増えれば、雇用が増大し、各種スポーツ施設や集会所などが建設できる」と期待し、村議会も電力会社への村有地売却に賛成していた。

七月二十二日の住民説明会はヴィール村の住民だけを入場させて開かれ、村長が原発建設によってもたらされるメリットを強調した。ついでバーデン電力の代表者が原子力発電の仕組みを説明した。

ヴィール原発の建設地から都心まで三〇キロほどの距離にある大学都市、フライブルクでは、市議会がヴィール原発建設反対を決め、同時に原子力に依存する経済からの脱却を決議した。こうしてフライブルクでは市、市議会、市民が一体となった珍しい形の建設反対運動が展開された。

「環境保護市民イニシアティブ全国連合」（ＢＢＵ）はブロックドルフ原発の建設中止を求める運動に力を入れる傍ら、ヴィール村民の原発建設反対運動を支援していた。ＢＢＵのリーダーの一人、ペートラ・ケリー（一九四七年生まれの女性。七五ページ参照）はヴィール原発建設反対の署名運動を推進して二万五〇〇〇筆の署名を集めた。

一九七四年十月、ヴィール原発の建設反対派はヴィールの村有地を事業主体のＫＷＳに売却する問題で住民投票を実施するよう町議会に要求、町議会がこれに同意した。翌十一月、バーデン・ヴュルテンベルク州政府がヴィールの原発建設プロジェクトの承認を発表した。これに反発する農業者とブドウ栽培・ワイン醸造業者がトラクターなど約一〇〇台を連ねて開会中の州議会議事堂を囲み、キリスト教民主同盟の議員たちが議論に参加するよう強く求めた。

徹底した地方分権の国、西ドイツでは原子力施設に対する許認可権限は建設予定地のある州に委ねられていた。連邦政府は原子力施設建設候補地の予備選定には関与しても、立地や建設中止の正式決定は基本的に州の裁量とされ、実際の許認可業務は国の委託を受けた州の行政庁が担当していた。

七五年一月十二日、住民投票が実施され、投票率は九二パーセント。村有地の売却賛成が投票者の五五パーセント、反対が四三パーセントで、売却が決まった。これを受けてバーデン・ヴュルテンベルク州は二月十七日、ヴィール原発の建設工事に着手した。[1]

反対派が原発建設地を占拠

七五年二月十八日、原発による放射能汚染や廃熱の悪影響を心配するブドウ栽培の農民や主婦などの反対派は州と南原子力発電所有限会社による着工を憤り、フライブルク大学などの学生などと合わせて数百人が建設地を占拠、工事を中断させた。占拠者たちは、そのまま建設地に留まっていたが、二日後の二十日、警官七〇〇人が放水車などを使って数百人の占拠者を排除した。

無抵抗の女性や子どもを放水で泥まみれにし、引きずり出す警察の手荒な排除ぶりがテレビ放送で全国に流された（図①参照）。視聴者はヴィール村のブドウ栽培地に原発を建設する計画が進んでいること、そこで反対派農民や子どもが警察によって泥まみれになって、排除に抵抗していることを初めて知って衝撃を受けた。[2] このテレビ放映で、世論はおおむね農民への同情に傾いた。

二十一日、約六〇〇〇人が原発の着工と手荒な強制排除に抗議して建設地近くでデモをした。その後、西ドイツの各地やフランス、スイスからも多くの人が参加し、デモ参加者が二万八〇〇〇人に膨れ上がった。この大規模デモの後、約三〇〇〇人がフェンスを超えて建設現場を占拠した。警官隊がデモ隊を建設地から排除したが、デモ隊はもみ合いの後に警官隊を押し返し、ふたたび占拠した。

図① ヴィール原発の建設予定地に座り込む農民や学生たちに、退去を求めて警官隊が浴びせる放水。反対派は、この時は退去したが、23日に再占拠し、建設を阻止した。1975年2月20日、写す。（dpa/PANA）

翌二十二日、警官隊は建設地からデモ隊を排除しようと試みたが、デモ隊側の大規模動員によって、それが阻まれた。穏健な方法で原発反対運動を進めていたヴィールの反対派が原発建設地占拠という「戦闘的な」戦術を採用したことは予想外のことであった。

二十六日午後八時十五分、西部ドイツ放送（WDR）がブドウ栽培農家の人たちの原発建設地占拠と警察の手荒な排除ぶりをテレビの特集番組「現地から」で全国に放送した。視聴者は泥まみれになって排除される農民たちに同情的で、原発建設地の占拠に対する批判は少なかった。このテレビ放送がヴィールの原発反対運動に対する世論形成に少なからぬ影響を与えた。

反対派は再占拠した建設地を奪回されないよう、昼間は地元住民、夜間はフライブルク大学の学生たちが泊まり込んで守り続けた。その後、警察による排除はなく、占拠が成功した。

反対派によるヴィール原発建設地の占拠成功は反対運動に関心を持つ全国の学生や若年高学歴層を引き付け、運動参加者が増えた。とりわけ、新左翼系の若者が、続々運動に参入した。その結果、それまで孤立していた各地域の原発反対運動が全国的な運動に発展していった。ヴィールの建設地占拠の成功がその後の原発反対運動を発展させるきっかけとなった。

ロベルト・ユンクが「人民大学」で講義

原発建設地を占拠した反対派は、事故による放射能汚染の危険など原発が抱える問題に関する専門知識を運動参加者が学ぶだけでなく、一般の人びとにも広めたいと考え、占拠地内の木造家屋に「ヴィールの森人民大学」を開設した。五〇〇人ほどが入れる、この「大学」には全部で六十三の自主講座が開設され、科学者や政治家などを講師に招いた。

講師陣の中に、核兵器はもちろん、平和利用の原発であっても原子力は危険性をはらんでいると警告する、文筆家でジャーナリストのロベルト・ユンク（一九一三〜九四年）が含まれて

図②　フライブルク市郊外、ヴィール村の原発建設反対運動のシール。「ヴィール原発ノー」とドイツ語で書かれている。フライブルク行政裁判所が 1977 年 3 月、この原発の工事中止を命じる画期的な判決を下し、ヴィール原発反対運動は最終的に勝利した。

いた。ユンクはオーストリア生まれ。第二次世界大戦終結まで反ナチス・レジスタンス運動の戦士であった。戦後、社会的な活動に従事しながら、次々に原爆や原子力に関する重要な本を著した。

ユンクの原爆や原子力に関する代表的な著作は、原爆投下後の復興期ヒロシマにおける人びとの経験や歴史をインタビューを基に記述した『灰墟の光―甦えるヒロシマ』(原田義人訳、文藝春秋新社、一九六一年)、「原子力を利用する国は必然的に規制強化に向かわざるを得ず、『原子力帝国』になる」とする『原子力帝国』(山口祐弘訳、社会思想社、一九八九年)、原爆製造に参加した原子力科学者たちの行動と思索の跡を克明にたどりながら科学者の責任と役割を問うた『千の太陽よりも明るく』(菊盛英夫訳、平凡社、二〇〇〇年)などである。

『原子力帝国』はユンクがヴィールの「人民大学」の講師を務めてから二年後の一九七七年に著した。ユンクはワイン農家や学生など若者たちとの付き合いと体験を通じて、彼らの中に原発反対運動のモデルを見出し、それを基に『原子力帝国』を書いたと見られる。原発の操業に関する詳細な研究に基づいて原発導入の危険性を警告した、この本は世界的なベストセラーとなった。ユンクの一連の著作は原発反対運動に携わるドイツの多くの若者に読まれ、運動の広がりと盛り上がりに大きな影響を与えた。

ヴィールの勝利が各地の運動に影響

一九七五年三月二十一日、フライブルク行政裁判所は反対派によって起こされていたヴィール原発建設の中止を求める行政訴訟で建設の一時中止を命じる決定を下した[3]。反対派はバーデン・ヴュルテンベルク州政府と交渉、行政裁判所の決定から八カ月後の同年十一月、州政府側から「原発の環境影響について、さらに調査する」との約束を取り付け、占拠を終了した。この判決により、ヴィールの原発建設反対派は、ひとまず勝利した。

ヴィールの原発反対運動の成功は反体制運動のシンボル的な存在となり、原発建設地の占拠や団結小屋の設置という戦術がその後の原発反対運動で盛んに用いられた。ヴィールの後、原発反対運動が起こったブロックドルフではヴィールの建設地占拠の戦闘性に惹かれた新左翼が続々参加し、運動の性格が過激化の傾向を見せた。

フライブルク行政裁判所による建設一時中止を求める判決に不満な電力会社は、上級審であるバーデン・ヴュルテンベルク行政裁判所に控訴し、七五年十月十四日、建設許可の逆転勝訴を勝ち取った。これによって、工事再開は法的には可能となったのだが、先に述べたとおり、フライブルク行政裁判所の建設一時中止判決（同年三月二十一日）の後、州政府は反対派との話し合いで建設を事実上、断念していたために、工事は再開されなかった。

そして七七年三月、上級裁判所がこの原発建設許可を取り消し、工事の中止を命じる画期的な判決を下した。ヴィール原発反対運動は行政裁判の判決で揺れ動いた後、上級裁判所の判決の結果、最終的に勝利したのだった。[4] ヴィール原発反対運動の建設占拠成功に続く原発訴訟の勝訴は、その後の運動に大きな弾みを与えた。フライブルク行政裁判所と上級裁判所の判断が西ドイツの原発建設反対運動に与えた影響は実に大きなものである。

バーデン電力は、その後も表向きはヴィール原発の建設を放棄しなかったが、一九八七年四月のチェルノブイリ原発事故の翌年に当たる八七年十二月、バーデン・ヴュルテンベルク州のエネルギー計画の中で、同州とバーデン電力は新規の原発建設を事実上、断念することを表明した。

原発反対運動の「発祥の地」、ヴィールは、その後の反対運動を勝利に導く重要な起点となり、緑の党創設の契機にもなった。ヴィールを近郊に持つ大学都市、フライブルクは今も緑の党の支持率が全国で最も高い都市である。その背景には今日のドイツの脱原発につながる歴史の重みがある。

◆ブロックドルフ原発建設もストップ

ヴィールに比べて戦闘的な運動

西ドイツ北部の大都市、ハンブルク近郊のブロックドルフ村に原発を建設する計画がハンブルク州政府によって発表されたのは、エネルギー計画第一次改定計画策定（一九七四年）より一年前の一九七三年十月である。

事業主は北西ドイツ電力（ＮＷＫ）とハンブルク電力（ＨＥＷ）の二社。原発建設側が村長にプールや幼稚園や公衆便所などの寄付を申し出ると、村長はメリットが大きいと判断、建設を受け入れた。しかし、地域の農民と漁師は原発の建設によって農業や漁業が脅かされるとみて、建設に強く反対した。

フライブルク行政裁判所が一九七五年三月、ヴィール原発の建設中止を命じ、ヴィールの反原発運動が勝利すると、「六八年世代」など新左翼系のさまざまなグループが原発建設地の占拠に見られた戦闘性に注目、ブロックドルフ原発建設反対運動に大挙して参加した。

原発建設反対運動は南部のヴィール村から一転、最北のブロックドルフ村に飛び火、ここが西ドイツの原発建設反対運動のセンターになった。戦闘性好みの共産主義者同盟系グループの参入によって、ブロックドルフ原発建設反対運動は次第に過激化し、警察との暴力的衝突が増えていった。

七六年十月二十六日、ハンブルク州政府は原発の第一期建設計画を許可した。これを受けて警察は建設地占拠を阻止するため、建設現場近くに壕を掘り、有刺鉄線を張り巡らした。

図③　ブロックドルフ原発の建設に反対する市民と警官隊の市街戦さながらの激突ぶりを写したドイツの環境問題専門誌『自然と環境』の表紙。1976 年 11 月 13 日、写す。（ドイツ環境・自然保護連盟提供）

電力会社は建設地に建設機械や資材を搬入し、地ならし工事を開始した。これに対し環境保護市民運動全国連合と地元の市民共闘組織である「エルベ下流域環境保護市民協議会」が現地でのデモを呼びかけた。三十日、呼びかけに応えて、約六〇〇〇人がエルベ川堤防周辺に終結、建設反対の抗議集会を開いた。

この日の夕方、デモ参加者のうちの数グ

ループ約四〇〇人が投石をしながら封鎖を突破、有刺鉄線を取り壊し、板を渡して排水溝を越えた。彼らは建設地を占拠し、そこにテントを張って、滞在するつもりだった。しかし、警察は警棒で彼らを殴打、放水車や犬を使ってデモの排除に当たった。そのうえ、警察はデモ隊の検挙に乗り出し、五十二人を逮捕した。(5)

翌三十一日、反対派数千人が逮捕に抗議して無言のデモ行進を行なうとともに、西ドイツ全土の反原発団体に抗議行動への参加を呼びかけた。十一月十三日、呼びかけに応えて西ドイツの各地から約三万人がブロックドルフに集まった。

第一次法廷闘争に勝ち、監督官庁から「七七年一月の最終判決まで原発着工を見合わせる」との約束を取り付けていたヴィール村の原発反対運動グループも、ブロックドルフの原発反対運動に支援者を送り込んだ。デモ参加者は警察が設けた、あらゆる種類の障害物を取り除いてデモ行進をした。

同日、戦闘的な約三〇〇〇人がこのデモ行進とは別に、ブロックドルフ原発の建設予定敷地で警官隊一五〇〇人ともみ合った。

警察はヘリコプターを使って催涙ガス弾を投げ落とし、水鉄砲を浴びせた。あまりの激しい攻勢に憤激した一部のデモ隊が慎重派の再三の制止を振り切って石や棒を投げつけ、警察の有蓋トラックに火を付けて全焼させた。警察は撤退するデモ隊の上にも催涙ガス弾を投下し、さながら市街戦の様相を見せた。(6)

反対派と警官隊との、この激突の後、ブロックドルフでは環境保護団体、大学の学生評議会、プロテスタントやカトリックの青年組織、社会民主党ハンブルク州支部や自由民主党の地方青年組織が原発反対運動への支援を表明した。

ヴィールの反原発運動は原発建設地の占拠を除けば、受動的かつ抑制的な運動で終始したが、ブロックドルフでは、これとは対照的に、警察との激突が繰り返され、時には市街戦の様相さえ見せた。運動の過激化に応じて警察の警備が強化されたため、ブロックドルフでは、ヴィールで反対運動側が成功した建設地の占拠を遂に果たせなかった。

ブロックドルフ原発の建設も中止

一九七六年八月、原子力法が改正され、第九条aで使用済み核燃料（放射性廃棄物）の前処理・中間貯蔵と再処理の責任は原発事業者、核廃棄物の最終処分場の責任は国がそれぞれ負うとする核廃棄物の責任分担が規定された。この法改正を機に、使用済み放射性廃棄物の処理能力の確保を原発の運転や建設再開の条件にすべきかどうかの議論が起こった。

十二月十五日、ブロックドルフ原発訴訟を審理していたシュレスヴィッヒ・ホルシュタイン行政裁判所は、この原発の建設工事を二カ月間、中止するよう命じる仮処分を行なった。[7] この判断の根拠とされたのが、前年（七五年）八月の原子力法改正である。

同裁判所は原子力法で原発事業者に核廃棄物処分を義務付けているにもかかわらず、ブロックドルフ原発の場合、核廃棄物をどう処分するのか、その方策が十分に検討されてこなかったと判断した。原発建設側は、裁判所の建設中止命令を不満として上級裁判所に抗告した。

機を見るに敏なシュミット首相は、この行政裁判所の判決に着目、判決翌日（十六日）の連邦議会における施政方針演説で、使用済み放射性廃棄物の処理能力の確保を原発建設認可の前提条件とする方針を公式に表明した。

翌七七年二月九日、上級裁判所はブロックドルフ原発訴訟の抗告に対し、「ブロックドルフ原発の場合、原発の運転によって生じる放射性廃棄物の処分の確保が未解決。下級審のブロックドルフ原発建設中止命令は原子力法の正しい理解に基づいている」として、下級審が出した同原発建設工事中止命令の期限（二カ月間）が切れる時点での工事再開の禁止を命じた。反対派の主張を容れた、この判決により、一九八一年まで四年間、工事が中断されることになる。

原子力産業界は、これまで放射性廃棄物の十分な処分対策を持たないまま原発を建設してきたが、ブロックドルフ原発訴訟の判決は放射性廃棄物処分の確保を原発建設の前提条件とすることに法的根拠を与えた。連邦政府は、この判決を受けて原子力産業界が放射性廃棄物処分の責任回避を認めない立場を明確にした。

二月十九日、反原発運動団体はブロックドルフと、その近くのヴィルスターの二カ所で計約三万人を集めて建設反対デモを行なった。粘り強い反対運動と放射性廃棄物の適切な処分方策の確立を求める司法判断と連邦政府の原発政策。言わば四面楚歌の中、ハンブルク州と原子力産業は遂にブロックドルフ原発建設計画を棚上げせざるを得ない状況に追い込まれたと判断、建設の一時凍結を発表した。

市街戦さながらの様相を見せた激しいブロックドルフ原発建設反対運動は建設の一時凍結によっ

て沈静化し、原発建設側と反対派の間に続いていた対立と緊張が緩和された。

判決の一カ月後に当たる一九七七年三月十四日、フライブルク行政裁判所がヴィール原発の第一次部分設置許可を取り消し、ヴィールにもブロックドルフ同様の緊張緩和がもたらされた。ブロックドルフ原発とヴィール原発の訴訟に対する行政裁判所の一連の判決は、裁判所が泥沼化しがちな原発紛争の解決に当たろうとする使命感の表れと受け止められた。

社会民主党ハンブルク支部の内紛

一九七九年、「環境保護市民イニシアティブ全国連合」（ＢＢＵ）が中心になって首都、ボンで一二万人を超える人びとの参加する反原発デモを行なった。戦後最大規模の、このデモは全国各地の原発反対運動の反対機運を高めた。八〇年十二月、棚上げされていたブロックドルフ原発の建設工事が再開され、建設に反対する人びと約八〇〇〇人が建設現場で抗議デモを行なった。

当時、ハンブルク州の首相は社会民主党のハンス・ウルリッヒ・クローゼ。クローゼは脱原発路線を取り、八一年二月二日の社会民主党ハンブルク支部の特別党大会ではハンブルク電力のブロックドルフ原発からの撤退を要望する決議が賛成一九八票、反対一五七票で可決された。

しかし、社会民主党ハンブルク支部の幹部会と一部の州議会議員は原発推進派のシュミット連邦政府首相に後押しされ、クローゼ州首相の脱原発路線に批判的だった。クローゼはハンブルク電力をブロックドルフ原発から撤退させようとしたが、同社が撤退を拒否したため、クローゼの計画は壁に突き当たった。

五月二十四日の社会民主党ハンブルク支部幹部会では、ブロックドルフ原発からハンブルク電力を撤退させるクローゼ案は合意を得られず、クローゼは州首相辞任に追い込まれた。これに反発した左派の幹部会メンバーで、ハンブルク州議会議員の五人が幹部会を辞任した。社会民主党を離党する州議会議員も出た。離党者は八一年十一月、結成される「オルターナティブ・リスト・ハンブルク」に参加した。

◆ゴアレーベンの運動

「岩塩層は施設建設に最適」と専門家

原発の大量建設に着手した連邦政府は原発などから出る放射性廃棄物を最終処分したり、貯蔵したりする施設を設置する計画をドイツ核燃料再処理会社とともに検討した。その結果、一九七七年二月二十二日、連邦政府が放射性廃棄物最終処分場の建設地に選んだのが、北ドイツのニーダーザクセン州ゴアレーベンである。

同州のエルンスト・アルブレヒト首相（当時、キリスト教民主同盟）は、連邦政府の決定を受けてゴアレーベンを暫定的な処分場の候補地に決めたことを公表した。ゴアレーベンはベルリンの北西一四五キロメートルにある。ここは第二次世界大戦末期の一九四五年四月二十五日、東から進軍したソ連軍第五八師団の先遣隊と西からの米軍第六九師団の偵察隊が合流、双方の兵士が握手した歴史的なエルベ川畔のトルガウの上流に当たる。

ゴアレーベンの岩塩坑は氷河期に北ヨーロッパを覆っていた分厚い氷河が解け、大地の褶曲《しゅうきょく》作用によって形成された岩塩層の穴である。人間は地底にできた厚い岩塩層に穴を掘り、そこから塩を採掘した。この岩塩層は北ヨーロッパの広い地域に残っている。

連邦政府がここを建設地に選んだのは、原子物理学者たちが「ゴアレーベンは古い地下岩塩坑が放射性廃棄物の最終的な処分場に最も適している」として、政府に提言していたからである。この岩塩層には放射能汚染を引き起こす地下水が存在しないと見ていた。

連邦政府はニーダーザクセン州の候補地決定を受けてゴアレーベンに高レベル廃棄物と低レベル廃棄物の最終処分場、最終貯蔵施設、使用済み核燃料の中間貯蔵施設、再処理工場を四点セットで建設することを決めた。

その直後の三月、労働組合、社会民主党、自由民主党の一部党員の参加する自然発生的な処分場建設反対デモがイツェホーで起こり、全国各地から約一万五千人が最終処分場の建設予定地でデモを行なった(8)。デモは、その後も全国的な環境保護団体の支援を受けて繰り返され、ゴアレーベンは反対運動のホットスポットの一つとなった。

スリーマイル島原発事故の影響

七九年三月二十八日午前三時五十八分、米国ペンシルベニア州のスリーマイル島原発2号機で、二次冷却水を蒸気発生器に戻す二つの給水ポンプが故障し、原子炉一次冷却水の温度が急上昇、加

図④　世界の原子力発電史上、初めての深刻な炉心溶融事故（1979年3月28日）が発生したスリーマイル島原子力発電所。すり鉢状の建物が冷却塔。炉心溶融の実態は事故の9年後までわからなかった。1979年4月3日、写す。（UPI・SUN）

圧器の圧力逃がし弁が開きっ放しになって一次冷却水が流出する事故が発生した。

この緊急事態に運転員の判断ミスが加わった。運転員は「原子炉が高圧となって危険」と判断、一次冷却水ポンプの給水を止めたため、緊急炉心冷却システムが事実上、ストップした。

その結果、原子炉内部では加圧器の冷却水の水量減少と循環が途絶、燃料棒が加熱され、燃料被覆管とウラン酸化物燃料ペットの溶融が始まった。この溶融によって、燃料棒内に蓄積されていた大量の核分裂生成物が原子炉圧力容器内に放出された。スリーマイル島原発事故の国際評価尺度による評価は「レベル5」（施設外へのリスクを伴う事故）だった（図④参照）。

この事故の影響で、ゴアレーベンの四点セット建設計画に対する反対運動は一層、激しさを増した。事故直後の三月三十一日、ゴアレーベン再処理工場建設現地から州都、ハノーバーまで約一〇万人が建設反対デモを行なった。このような状況の中、ニーダーザクセン州のアルブレヒト首相は「ゴアレーベンの処分場建設をこれ以上、強行することは政治的に不可能だ」と発言した。しかし、地下の岩塩層の安全度のボーリング調査などは続けようとしていた。

翌一九八〇年五月初旬、若者を中心とする反対派は地下の岩塩層の安全度のボーリング調査が予定されているゴアレーベンの核廃棄物最終貯蔵施設建設地を占拠した。占拠地は、この地にスラブ系のヴェント人が住んでいたことにちなんで「ヴェントラント自由共和国」と名付けられた。反対派はすでに樹木が伐採された場所に集会所や見張り台、広場などをつくり、ギターを奏でて歌を歌った。

しかし、六月初旬、警隊と国境警備隊が踏み込み、ブルドーザーで集会所などを取り壊し、元の平地に戻して引き揚げた。激しい建設反対運動のため、ゴアレーベンの施設建設計画は遅々として進まなかった。当時、放射性廃棄物はドイツ国内で最終処分しなければならない決まりになっていたが、反対運動がそれを許さなかった。

社会民主党の政策転換で三施設を中止

この後、原子力産業とニーダーザクセン州政府は四点セットの計画のうち、再処理工場と高レベル廃棄物最終貯蔵施設、低レベル廃棄物最終貯蔵施設の三施設の建設を正式に断念した。反対運動の高まりが、建設中断を勝ち取ったのである。

使用済み燃料と再処理後のガラス固化体の中間貯蔵施設は、その後も建設が続けられた。完成一カ月前の一九八四年三月二十日、反対派一万二〇〇〇人が「人間の鎖」をつくって中間貯蔵施設の建設工事現場を取り囲むデモを行なった。この日、伐採された樹木やトラクターなどの農業機械を二本の高速道路に並べてバリケードを築き、交通を十二時間、封鎖した。この封鎖に関わった約五〇〇人以上が警察に逮捕された。

しかし、中間的貯蔵施設は四月三十日に完成し、操業が開始された。いったん撤回された高レベル廃棄物の最終処分場建設計画も、その後、再燃し、立地のための調査が始まった。

ドイツ廃棄物最終処分会社（DBE）はドイツ連邦環境省放射線防護局放射性廃棄物管理輸送部の支援を得て岩塩の隆起している中心部分の二カ所を選び、それぞれ地下九〇〇メートルを目標に直径十一メートルの縦坑を掘り進めた。

すると、地下にはゴアレーベンにはないと考えられていた地下水層の存在が確認された。そこで同社は縦坑を包み込む格好で零下四〇度の液体を詰めたパイプを巡らせ、地下水を冷却して固めたうえ、穴の内壁をコンクリートで固め、さらにその上を鉄鋼版で覆った。

ところが、八七年三月、地下水や地層が流動、出水事故が発生した。さらに五月十一日には地下二三四メートルに嵌《は》め込んだ鋼鉄製の強化リングがはじけ飛び、作業員一人が死亡し、五人が重軽傷を負った。ゴアレーベンの出水事故については、広瀬隆が現地で取材、それを基に著書『ドイツの森番たち』の中に事実経過を詳細に書き記している。

一九九〇年、社会民主党のゲルハルト・シュレーダーがニーダーザクセン州首相に就任、脱原発・脱放射性廃棄物処理の立場からゴアレーベン処分場計画を拒否する姿勢を示し、グリーンピースの活動家、モニカ・グリーファーンを同州の環境相に起用、州に権限のある鉱山法を利用して脱放射性廃棄物処理施設建設の調査活動を何度も中断させた。また稼動年数が長く、安全性に問題のあるシュターデ原発を停止した。

シュレーダーの拒否政策にもかかわらず、ゴアレーベン処分場建設計画は推進され、中間貯蔵施設が完成した。フランスと英国に再処理を委託した核燃料がゴアレーベンに帰還、これに抗議する運動が一九九〇年代末から二十一世紀にかけて延々と続けられた（一六〇ページ参照）。

◆カルカー高速増殖炉反対運動

「もんじゅ」と同型の施設

一九七〇年、西ドイツ政府と原子力産業界はオランダ国境から東へ二五キロメール離れたノルトライン・ウェストファーレン州カルカー市郊外の田園地帯に高速増殖炉ＳＮＲ３００（ループ型）を建設することを決めた。高速増殖炉建設の狙いは、原発の燃料であるウラン２３５が量に限りがあるうえに価格も高く、大量に消費できる燃料ではないため、増殖炉を建設して燃料を創り出そうというものである。

建設予定の敷地の大部分を所有していたのはプロテスタントの教会だった。この教会は経済的に困窮していたので、電力会社に土地を売却した。一九七三年四月、高速増殖炉の原型炉であるＳＮ

R300の建設が始まった。SNR300は電気出力三二・七万キロワット、熱出力七六・二万キロワット。日本の福井県に建設された「もんじゅ」とほぼ同格の増殖炉である。

余談だが、日本はカルカー増殖炉と同じループ型を選び、西ドイツの技術から多くのことを学んで「もんじゅ」を運転に漕ぎつけさせようと、担当者がカルカー市に足しげく通った。ちなみにカルカー増殖炉と「もんじゅ」はループ型だが、フランスの高速増殖炉、スーパーフェニックスはタンク型である。

高速増殖炉建設反対派は一九七七年九月二十四日、全国から市民一〇万人をカルカー市に集めてデモを行なう計画を立てた。これに対し連邦政府とノルトライン・ヴェストファーレン州は当日、デモ参加者の乗った鉄道やバスを止め、高速道路を封鎖するなど、かつてない強硬姿勢でデモ参加者の規制をした。このためカルカーに到着したのは予定の半分に当たる五万人前後に過ぎなかった。カルカー市内には大規模な警官隊が配置され、デモを妨害した。

この頃、ハンブルク近郊のブロックドルフ原発反対デモに対しても警官隊が棍棒で対抗し、ヘリからは催涙弾が投下され、市街戦を思わせる激突が繰り返された。

原発反対デモに対する規制が強化された背景には、一九七七年に発生したドイツ赤軍派が起こしたルフトハンザ機ハイジャック事件やドイツ経営者全国連合会のハンス・マルティン・シュライヤー会長誘拐事件がある。テロリストに断固として対決する姿勢を強調していたシュミット政権は反原発デモにも強い態度で臨んだ。

シュミット首相はカルカー高速増殖炉の着工以来、SNR300の建設を強力に後押ししていた。ＳＮＲ３００は西ドイツ、ベルギー、オランダ三国の共同プロジェクトで、完成後は三国の電力会社の出資による電力連合体「高速増殖炉発電会社」（ＳＢＫ）が運転する。稼働は一九八〇年代末頃までと定められた。着工後、ＳＮＲ３００の建設費用やプルトニウム利用が核兵器開発に使われる危険性などの疑問が出された。このため連邦議会に調査委員会が設置された。

調査委員会は原子炉安全委員会（ＲＳＫ）とミュンヘン大学教授、ヨハン・ベネケ博士にＳＮＲ３００の安全性に関する調査を委託した。原子炉安全委員会は、さらに連邦環境省（正式名称は環境・自然保護・原子力安全省）の諮問機関である原子炉安全協会に調査を依頼した。

一九八二年、原子炉安全委員会とベネケ博士から最終報告書が提出された。その内容は原子炉安全委員会の結論は「安全」、ベネケ博士の結論は「危険である」というものだった。連邦議会は結論の相反する二つの報告書について議論し、投票の結果、「ＳＮＲ３００の試運転を行なうよう勧告する」との決議を採択した。

事故の多発と費用の増加

カルカー高速増殖炉の着工から十一年が経過した一九八四年、ノルトライン・ヴェストファーレン州の認可当局がカルカー高速増殖炉の技術を詳しく検査し、数千人が参加する公聴会が開かれた。こうした検査や技術的な論争を通じて、この高速増殖炉ではプルトニウムを増殖できないどころか、プルトニウムが逆に減ってしまうことが明らかになった。

同年十一月二十二日、人為的なミスからナトリウムによる火災と爆発が起こった。事故は配管の内部にナトリウムを循環させるテストの最中、空気に触れないようにナトリウムの液面を覆っていた不活性ガスのアルゴン・ガスに高温のナトリウムガスが何らかの原因で混ざってしまったことが原因である。この混合ガスは上昇して建屋の隙間を脱け出て屋根に達し、折りから降っていた雨とナトリウムが反応して火災が発生した。

出動した消防隊は放水が火災の拡大につながるとは、つゆ知らず、屋根に放水した。その結果、火勢が強まった。消防隊は八〇方メートルを延焼した後に、それがようやくナトリウム火災であることに気付いた。

八五年五月、原子炉の電気系統が過熱して電線ケーブルが燃え、火災が発生した。原因は設計ミスとわかり、全配線を交換した。七月六日、原子炉の横にある液体金属ナトリウムのタンクから漏れ出ていた一立方メートルほどのナトリウムに発火し、二時間後に消火に成功した。また十二月には原子炉建屋に隣接する建屋のナトリウム・タンクからナトリウムが漏れ、これに溶接作業の火花が引火して火災が発生した。

ノルトライン・ヴェストファーレン州政府はカルカー高速増殖炉の原型炉であるSNR300の安全性に強い疑問を抱き、燃料装備・ゼロ出力試験の部分的許可申請に許可を与えなかった。このためSNR300の試運転はできず、試験はナトリウムの循環試験などに限られた。

◆ヴァッカースドルフの運動

ゴアレーベンの代替施設

ゴアレーベンの岩塩層地帯に建設することが決定していた使用済み核燃料再処理施設が、七九年三月のスリーマイル島原発事故を機に高まった原発建設反対運動によって建設中止に追い込まれた。このため原子力産業界はバイエルン州オーバーファルツ県ヴァッカースドルフ村の森林地帯にその代替の建設地を決めた。建設地はチェコスロバキアとの国境からわずか三〇キロメートルの距離にある森林地帯の一角である。

バイエルンはキリスト教社会同盟（CSU）が政権を握る州である。「CSUの力の強い、バイエルンなら、反原発運動を抑え込めるだろう」と原子力産業界は考えたのである。ヴァッカースドルフ村の村長は、原発ができれば事業税が入ってくると見て、建設賛成側に廻った。

ハノーヴァーに本社を構える西部ドイツ核燃料再処理会社（DWK。一九八五年、電力会社一〇社で設立）が申請していた建設計画（八二年）をバイエルン州が許可し、一九八五年十二月、ヴァッカースドルフで使用済み核燃料再処理施設の建設工事が始まった。総工費は五億マルク（約四三〇〇億円）。用地面積は一三八ヘクタール。同社は使用済み核燃料を年三五〇トンのペースで再処理する施設の建設を目指した。

一九八六年四月二十六日、ソ連ウクライナ共和国で原発史上最大のチェルノブイリ原発事故が発生、欧州諸国の原発政策に多大の影響を与えた。西ドイツでは社会民主党が脱原発に大きく舵を切り、世論も脱原発に傾いていった（一一六～一一八ページ参照）。

　この事故を受けてノルトライン・ヴェストファーレン州政府がカルカー高速増殖炉の原型炉であるSNR300の安全性を考え、運転許可を取り消した。原子炉メーカーのシーメンスは運転許可が取り消されて後、カルカー高速増殖炉の建費用が嵩んで損失が巨額にのぼったため、九一年三月、SNR300の建設を放棄した。

　チェルノブイリ原発事故を機に原発反対の声が強まり、世論が形成されていく。一九八九年以降、新規の原発建設は停止され、九〇年代後半、使用済み核燃料を処理のために英国やフランスに搬送、処理後に引き取る際、大規模なデモが毎年のように行なわれた。エムニド社がスリーマイル島原発事故後、原発建設について賛成か反対かを問う世論調査の結果を見ると、スリーマイル島原発事故後の調査では原発建設への賛成は三〇パーセント、反対は一九パーセントだった。

　それが一九八六年四月のチェルノブイリ原発事故後の同社の世論調査では賛成二四パーセント、反対六六パーセントに変わり、その二年後の八八年には賛成

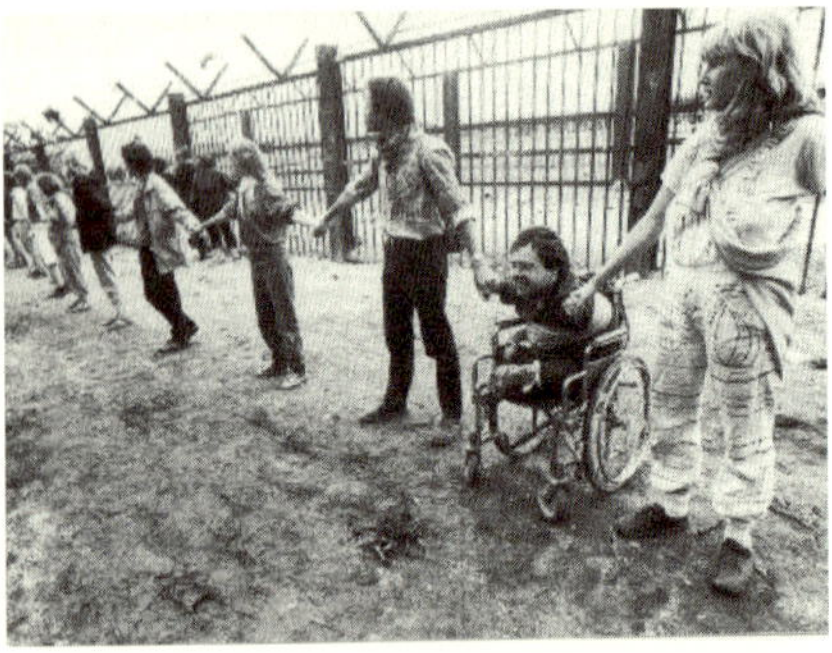

図⑤　ヴァッカースドルフ核燃料再処理工場の工事柵まで、手をつなぎ合って「人間の鎖」を作り、建設反対を訴える市民たち。1986年、写す。（ドイツ環境・自然保護連盟提供）

一八パーセント、反対七〇パーセントになった。チェルノブイリ原発事故は西ドイツの人びとの原発に対する見方を大きく変えた。

反対派、警察の双方に死者

バイエルン州当局が再処理施設建設のため、州有林のアカマツなどの樹木を伐採し始めると、全国から集まった反対派は十月から十二月にかけて数万人規模のデモを二回行ない、敷地内に一五二の小屋を立て、約一〇〇〇人がそこに泊まり込んだ。

ヴィール村で反対派を激励したロベルト・ユンクがこのコミュニティにもやって来て、原発建設に徹底的に抵抗するよう呼びかけた。警察は年末から年始にかけて、数千人の警官隊を動員、約七五〇〇人を逮捕し、小屋などを撤去した。

一九八六年三月、無抵抗の老人や子どもが参加している建設反対デモに超低空を飛ぶヘリコプターから化学兵器とされているマスタードガスが撒かれて一人が死亡した。そのヘリコプターが墜落、警察側にも死者が出た。

第3章　緑の党の誕生と驚異の躍進

◆反原発運動が生んだ緑の党

「緑派」が緑の党に結集

一九七七年に西ドイツ赤軍派が起こしたテロ事件以降、連邦政府は圧倒的な警察力で原発反対デモを抑え込むようになった。原発反対派がデモを繰り返しても、そのたびに圧倒的な警察力を持つ国家によって厳しく規制されてしまう。建設地の占拠などの激しい原発建設反対行動はヴィールでは成功したが、他の場所では力で抑え込まれ、失敗続きだった。

一九七〇年代、反対派は抗議デモと行政訴訟を繰り返し、確かに一三もの原発や原子力関連施設の操業または建設を中止に追い込むことに成功した。しかし、連邦政府のデモ規制が厳しくなり、反対派の行動もエスカレートしたため、警察とデモ隊が激突して負傷者や逮捕者が増えた。それによって得られる成果は望みが薄い。

このため直接行動で原子力開発にブレーキを掛けるのは無理だと考える原発反対派や環境保護派

が増えた。七〇年代末頃、反原発派の中に、警官隊と激突を繰り返す戦闘的な左派を批判、これとは別に、選挙を戦って政治に参加し、流れを変えようとするグループが現れ、それが翌七八年にかけて急速に広まった。

こうして七七年以降、原発反対派や環境保護派が「緑のリスト」「多色のリスト」「オルターナティブ・リスト」など同じような主張の小さな環境保護グループをつくり、州議会や市町村議会の選挙に思い思いに候補者を立てて選挙戦を戦った。リストというのは本来、選挙の際に提出する候補者リストのことだが、転じて環境保護の政治団体を表す言葉として使われた。

「緑のリスト」は当時、「緑派（環境保護派）」と呼ばれる政治団体、「多色のリスト」とは緑派だけでなく、ハンブルクで共産主義同盟主体の政治団体を意味した。色で言えば赤である。「多色のリスト」は選挙綱領に社会問題を多く取り上げ、環境保護は少ししか盛り込んでいなかった。

「オルターナティブ」とは緑の党の運動関係者が既存の政党や社会組織とは別に、もう一つの異なる選択肢を選ぼうという意味を込めて盛んに使われた言葉である。「オルターナティブ・リスト」は「緑のリスト」や「多色のリスト」とは異なり、民主主義を最優先課題とし、環境保護をその次に位置付けていた。

緑派の範疇《はんちゅう》に属しながら運動目標が異なるさまざまな政治団体が続々誕生、それぞれ各地方自治体ごとにバラバラに選挙戦を戦った。一九七七年十月、ニーダーザクセン州の地方自治体選挙で、原発反対運動から生まれた二つの環境政治団体、「緑のリスト・環境保護」（GLU）と「選挙民共同体・原発はごめん」（WGA）が候補者を立てて選挙戦を戦い、それぞれが一議席ずつ獲得した。

これが西ドイツにおける最初の緑派議員の誕生となった(1)。

この後、いくつかの自治体で反原発の緑派の政治団体が当選者を出したが、孤立無援の戦いでは「得票率が五パーセント以下の政党は議席がゼロとなる」という選挙規則（五パーセント条項。少数議席の政党乱立をなくすための措置）をクリアすることは至難の技だった。緑派の各グループは「選挙で議席を得るには行きがかりを捨てて結束することが不可欠だ」という認識で一致した。やがて原発反対運動関係者の大半が原発建設現場周辺での抗議デモ・集会や建設地占拠をやめ、代わりに緑派が結束して連邦議会の議席獲得に挑戦しようという考え方に変わった。

一九七九年三月、「環境保護市民イニシアティブ全国連合」（ＢＢＵ）を中心とする西ドイツ各地の環境保護団体と原発、核兵器に反対する運動団体の代表約五〇〇人がフランクフルトに集まり、「緑の人びと」（後に「緑の党」となる）の名称で政治結社をつくり、結党準備を始めた。

この会議に参加した緑派は『収奪された地球――「経済成長」の恐るべき決算』（東京創元社、一九八四年）の著者で、経済成長至上主義を批判し、一九七八年七月、キリスト教民主同盟を離党して「緑の行動・未来」を設立したヘルベルト・グルールや自然保護運動の指導者、シュプリングマンのような右派や「緑のリスト・環境保護」のような中間派が中心。新左翼系の諸グループは傍観していた。

七九年十月、「ブレーメンの緑のリスト」がブレーメン州議会選挙で原発反対などを訴えて五パーセント条項のハードルをわずかに超える五・一四パーセントを獲得、四人を当選させた。「緑のリスト」の州議会進出は緑の党の結成を目指す人びとに弾みを与えた。

十一月四日、結党準備に携わる関係者がヘッセン州オフェンバッハ市に集まり、緑の党の結成大会の開催日を一九八〇年一月中旬とした。この会議には、新左翼系の諸グループやシュミット社会民主党政権の原発推進・開発優先主義的政策に反発して離党した元社会民主党員などが参加した。右派グループは左翼過激派の参加を拒んで反対動議を提出するが、僅差で否決された。

環境保護政党・緑の党の誕生

一九八〇年一月十三日、運動関係者たちは南西ドイツのカールスルーエ市に代議員八〇〇人を集めて緑の党結成大会を開催、全国的な統一政党として発足した。これを踏まえて、三月二十三日には同年十月の連邦議会選挙に向けた緑の党の綱領を決める第二回大会がザールブリュッケン市で開かれた。

綱領大会をリードしたのは党内で多数を占めていた新左翼などの左派だった。討議の後、採択された基本綱領は東西欧州間の非武装地帯設置、北大西洋条約機構（ＮＡＴＯ）の決定した核近代化の撤廃、すべての外国軍隊の国内からの撤退、軍需産業の廃止、企業活動の規制が盛り込まれ、全体として反核・反軍事化・平和が強調され、左派色の濃い内容だった。エコロジー派は一歩後退を余儀なくされた。

結局、緑の党の綱領で決定した主要な政治原則は、①経済に対するエコロジーの優先、②社会的責任（社会正義、経済的弱者の権利の保護など）、③底辺民主主義、④非暴力の四つだった。このうち底辺民主主義については、綱領の中で次のように説明している。

『底辺民主主義』の政治とは、分権的な直接民主主義を積極的に実現することである。底辺の決定は原則的に最優先されなければならないというのが、われわれの前提である」。底辺民主主義を制度として具体化したものが、議員任期の半分で辞職して他の党員と交代するローテーション原則や議員が党の役職に就けない「党役職と議員職の分離」の制度である。

綱領には確かに左翼色の濃い政策が目立ったが、緑の党は基本的に核兵器全面廃止と原発反対、環境を破壊する従来型の経済成長主義と大量生産・大量消費のシステムに反対するエコロジー政党としてスタートしたのである。(2) 原発反対運動の中から生まれた政党だけに、できるだけ早期の原発廃止が緑の党の基本的な政策、すなわち党是となった。

この綱領大会では緑の党の代表として、「独立ドイツ人行動共同体」の創設者で、中道派のアウグスト・ハウスライター、ドイツ環境保護市民イニシアティブ全国連合（ＢＢＵ）のリーダーで、元社会民主党員のペートラ・ケリー、「緑のリスト・環境保護」のノルベルト・マンの三人を選出した。これは左派と穏健派の橋渡しを図った人事だった。

右派は左派色の濃い綱領に反発、もっと環境保護に重点を置くよう要求した。中道派の市民運動グループは「環境保護運動の原点を忘れた綱領になっている」と失望を表明した。

「緑の行動・未来」を設立、「われわれは左でも右でもない。前にいるのだ」と言い、緑の党結党準備に積極的に関わった右派のヘルベルト・グルールは綱領大会で緑の党執行部への候補を取りやめた。そして一九八二年には緑の党を脱退して保守系のドイツ独立環境党を創設した。また、シュプリングマンらの代表的な中道派も執行部に入らなかった。右派のリーダーの反発や党離脱によって、緑の党は多くの党員を失った。

八〇年三月の綱領大会では、それまで各グループに分かれていた緑派の運動の一本化が実現し、各地の原発反対運動に関わっていた人たちが緑の党に合流した。結党後、党員数は一万人を超えていた。

党内部に厳しい路線対立を抱えていたが、選挙には積極的に取り組んだ。党結成後、最初の州選挙であったバーデン・ヴュルテンベルク州議会選挙では五・三パーセントを獲得、六人を当選させた。当時、緑の党の支持者は若い世代の一般市民や学生が圧倒的に多かった。全国的に見ると、支持率が特に高かったのはフライブルク、シュトゥットガルト、チュービンゲン、コンスタンツ、ハイデルベルクなどの大学都市だった。

一九八二年六月、ハンブルク州議会選挙で緑の党は「オルターナティブ・リスト」と合同候補者名簿「緑・オルターナティブ・リスト」（GAL）を結成して選挙戦を戦い、得票率七・七パーセントを獲得、九議席を得た。また九月、緑の党はヘッセン州議会選挙で得票率八・〇パーセントを獲得して九議席を占めた。

緑の党は同年十月の連邦議会選挙には統一候補を立てて初挑戦した。しかし、得票率はわずか一・五パーセントで、議席はゼロだった。政党の得票率が五パーセントに達しない場合、「五パーセント条項」に阻まれて一議席も得られない。緑の党は議会に次の連邦議会を目指して準備を始めた。

メディアの寵児となったペートラ・ケリー

緑の党の綱領大会では党首を置かず、中道左派の三人が党代表を務めることになった。三人は右派と左派を仲介する役割を果たしていく。ここでは原発反対運動や核兵器配備・軍拡反対運動で活躍し、メディアの寵児となったペートラ・ケリー（図①参照）と党の理論的支柱とも言われたハンス・リュトケの二人のプロフィールを見よう。

ケリーは一九四七年十一月、南ドイツの生まれ。家庭の事情で十三歳の時、渡米。首都ワシントン・D・Cのアメリカン・ユニバーシティーで政治学と国際関係、とりわけ欧州統合論を学んだ。一九七一年、ブリュッセルの欧州経済共同体（EEC）に勤務、環境保護、健康、教育問題を扱いながら戦後欧州の政治運動に関する研究を続けた。

図①　西ドイツなどに米国の核ミサイルを配備する計画に反対し、運動の先頭に立つペートラ・ケリー・緑の党共同代表。1983 年 9 月 1 日、写す。(dpa/PANA)

一九六九年九月の連邦議会選挙で社会民主党が第一党になり、ウィリー・ブラントが首相になると、ペートラ・ケリーはブラントの理念や改革政治に共鳴して社会民主党に入党した。

緑の党が誕生した頃、核戦争勃発

への恐怖が西ドイツの人びとを覆い、環境保護主義者の目には核兵器と原発が共に人類と環境を破壊する危険な存在と映っていた。ケリーもまた核兵器と原発を同じ原子力を用いたものとして同列に置き、それを確かめるために広島を訪れた。

一九七六年、ケリーは緑の党のリーダーの一人であるゲルト・バスティアンと一緒に広島を訪れ、その後、「ヒロシマの視点から原発に反対する運動を推し進めるべきだ」と主張するようになった。日本では広島、長崎の原爆被災を体験していながら、政治家や一部の報道機関が原発導入キャンペーンを始めると、強い反対運動も起きず、「原子力の平和利用」という名の原発ブームに呑み込まれていった（四〇ページ参照）。

ケリーは欧州共同体（ＥＣ）の職員時代の一九七九年、シュミット政権の原発政策、核兵器政策、健康政策、女性政策に抗議して離党、「それ以外の政治的結社・緑の人びと」（緑の党の前身）に加わり、翌八〇年、有志とともに緑の党の創設に携わった。

ケリーは結党の頃の共著『緑の党』（邦訳『西ドイツ緑の党とは何か』人智学出版社、一九八三年）の中で、「私たち緑派は政党ではなく、一つの運動である。この運動はあらゆる市民を活動させようとするものである」と書いた。当時、ケリーは連立政権の一翼を担うような党勢の拡大・発展を目標とするのではなく、市民の声を国政に反映させる底辺民主主義にこそ、緑の運動が持つ最大の意義があると信じていたようである。

一九八二年、環境保護市民イニシアティブ全国連合（ＢＢＵ）のリーダーに選ばれ、ヴィールの原発建設反対運動を支援した。(3) ケリーは八三年三月の連邦議会選挙に立候補し、三十五歳の若さで議員に選出された。

　ケリーは徹底した平和主義者であった。一九八二年、平和、人権、環境などの今日的課題の解決に尽力した個人や団体に贈られるライト・ライブリフッド賞（「もう一つのノーベル賞」として知られる）を、翌八三年には、米国女性平和賞を受賞するなど草創期の緑の党の象徴的存在になった。一九九二年、ケリーは突如、不幸な事件に巻き込まれ、四十五歳の若さで世を去った。著作（ドイツ語）に『希望のために闘う』（一九八四年）、『広島』（一九八五年）などがある。

党の理論的支柱、ハンス・リュトケ

　ハンス・リュトケはエコロジーについての造詣が深く、明確な政治理念を持っていた。彼は結党直後にペートラ・ケリーなどとともに著した『緑の党』の中で、「人間はテクノロジーの発明と応用によって重大な環境の破壊を引き起こしつつある」と主張、その根拠として次の五つを挙げた。
①全人類を繰り返し絶滅し得るような威力を持つ核兵器の存在。
②化石燃料などによる地球温暖化。
③化学物質・放射性物質によるがんの発生。
④生命に危険をもたらすオゾン層の減少。
⑤数千年にわたって残存する放射性廃棄物の危険性。
　リュトケは、これらの現象を「生存のいしずえ」と位置づけ、「思想の転換による生存のいしずえの確保」をエコロジー政治の目標とするよう主張した。そして一九九〇年代後半に深刻化した地

球温暖化の影響を一九八三年の時点で早くも「テクノロジーがもたらした重大な環境破壊」と捉え、緑の党の取り組むべき課題と位置付けた。リュトケの先見性は注目に値する。

リュトケがエコロジー社会実現の課題と指摘した五つの課題のうち、「リサイクルと資源の節約」と「自然エネルギー開発による電力の生産」の二つはコール政権時代の一九九〇年にレールが敷かれ、一九九八年以降の社会民主党・緑の党連立政権時代に脱原発と再生可能エネルギーによる電力生産が緒についた。

リュトケなど緑の党のリーダーたちが一九八三年に思い描いたエコロジー社会像の一部が三十年後のドイツで実現に向かっていると見ることができよう。

緑の党と反核・平和運動

第二次世界大戦後の西ドイツで起こった五つの社会運動の中で、最も強力だったのは一九七九年から八三年にかけて西ドイツで繰り広げられた反核・平和運動である。反核・平和運動は大きな盛り上がりを見せ、ペートラ・ケリーらはこの運動に取り組み、それが八〇年一月に発足した緑の党の党勢の伸長につながった。

NATOは一九七九年十二月、ブリュッセルで開いた閣僚理事会で次の二つの重要な決定をした。①ソ連による東欧諸国への中距離核ミサイルSS20の配備に対抗して、旧西ドイツを含む西欧五カ国に米国の移動式巡航ミサイル四六四基（内訳は旧西ドイツに九六基、イタリアに一一二基、英国に一六〇基、ベルギー、オランダに各四八基）と西ドイツにパーシングⅡ型核ミサイル１０８基を配備する。
②ソ連による東欧諸国への中距離核ミサイル配備によって欧州に生じた東西核戦力の不均衡を是正するために、ソ連との軍縮交渉を同時に進める。

この決定は「NATOの二重決定」と呼ばれた。西ドイツでは、核ミサイルが配備されれば西ドイツが核戦争の最前線になる危険性が増すとして、「NATOの二重決定」に反対する声が広がった。反核・平和運動が大きく燃え上がるきっかけとなったのが、一九八〇年十一月十五日、十六日の両日、ルール工業地帯の都市、クレーフェルト（ノルトライン・ヴェストファーレン州）で開かれた核ミサイル配備反対集会「クレーフェルト・フォーラム」と、このフォーラムで発表された連邦政府宛ての「クレーフェルト・アピール」である。

このアピールには緑の党共同代表の一人、ペートラ・ケリーと同党のゲルト・バスティアン、牧師でドイツ平和協会会長のマルティン・ニーメラー、法学者のヘルムート・リッダー、西ドイツ連邦軍退役大佐のヨーゼフ・ヴェーバーらが連名で署名した。バスティアンは西ドイツ連邦軍の将軍時代、NATOの二重決定を批判して休職に追い込まれ、後に緑の党に入党した経歴を持つ。

「クレーフェルト・アピール」は連邦政府がパーシングⅡ型核ミサイルと巡航ミサイルの中部欧州への配備に対する同意の撤回を求め、さらに国民が次の三つのアピールを支持するよう訴えた。

①米国の核兵器基地のための中部欧州の軍拡を許さない。
②抑止よりも軍縮がより重要であると考える。
③この目標達成のために、連邦軍を展開させる。

「クレーフェルト・アピール」は四〇〇万人を超える人びとから署名を集めたと言われ、その後の反核・平和運動に弾みを与えた。運動の高揚に伴い、一九八一年十月、ハンブルクで三〇万人、翌八二年六月には西ドイツの首都、ボンで四〇万人が参加する大きなデモが行なわれた。日本では一九五五年八月、広島で開かれた原水爆禁止世界大会参加者が約五〇〇〇人で最多だった。ドイツの核兵器反対デモ・集会への参加者の規模は日本とは比較にならない。後述する原発反対運動の参加者数についても同じだ。

クレーフェルト・フォーラムには元将軍、ゲルト・バスティアンがケリーの紹介で参加し、話題を呼んだ。

この頃、反核・平和運動の内部では共産主義者の活動が活発だった。クレーフェルト・フォーラムは、もともと親ソ系のドイツ共産党（DKP）に近い「ドイツ平和同盟」によって組織され、東ドイツの資金援助を受けていたことも明らかになった。

緑の党のケリーとバスティアンは、その活動を強く批判、八四年二月、「クレーフェルト・フォーラム」を脱退した。この後、ミサイル配備反対の平和運動自体が消滅に近い状態になった。

一九八二年六月、米国のレーガン大統領が欧州を訪れ、これに合わせて四十万規模の反核集会が欧州各地で開催された。西ドイツでは、反核を基本政策に掲げる緑の党がドイツ環境・自然保護連盟（BUND＝ブント。FOE・GERMANY）などとともに大規模な反核集会を主催した。

八三年十月、ミサイルの配備が計画されていた欧州五カ国で、いずれも前例のない大規模な反核・平和集会が開かれ、参加者総数は三八五万人にのぼった。西ドイツでは国際統一行動の一環で「平和大行動週間」（十月十五日〜二十二日）が計画され、最終日の二十二日にはボン、シュトゥットガルト、ハンブルク、西ベルリンの四会場で開かれた集会には、合わせて約一三〇万人が参加した。

緑の党共同代表のケリーが核ミサイル配備・平和運動に積極的に参加し、運動を高揚させた結果、原発反対や環境保護の面で同党の活動分野が広がり、支持者が増えた。党員数は一九八二年に一万人を大きく超えた。

ところが一九八三年十一月、連邦議会は西ドイツへの核ミサイル配備賛成の議決を行ない、十二月、パーシングⅡ型核ミサイルが配備された。配備が近づくと、ロベルト・ユンク、ケリー、バスティアンらに加え、著名な作家のハインリッヒ・ベルやギュンター・グラスなどが反対運動に参加した。

高揚する反核・平和運動と反原発運動

シュミット政権の末期には反核・平和運動が最大の高揚を見た。原因はシュミット自身がソ連による東欧諸国への中距離核ミサイル配備に対抗して西ドイツを含む西欧諸国に米国の中距離核ミサイルを配備する一方、ソ連との軍縮交渉を同時に進めるという「ＮＡＴＯの二重決定」（一九七九年十二月、ブリュッセルで開いたＮＡＴＯ閣僚理事会）の推進者だったからである。

「二重決定は西ドイツが核戦争の最前線になる危険性を増大させる」として、一九七〇年代末から核ミサイルの配備に反対する声が広がった。そのうえ、シュミット政権が原発五〇基建設計画を推進したため、一九七九年から八五年まで核配備と原発建設という「二つの核」に反対する運動が活発化した。社会民主党内には、青年層を中心に同党の政策に失望して離党する人が続出した。離党者の多くが緑の党に入った。ペートラ・ケリーがその代表である。

一九七〇年代、西ドイツでは核兵器と原発のいずれにも反対する「反核意識」が人びとの間に浸透した。反核・平和運動は一九八〇年代前半に高揚するが、環境保護運動は、これに比べてかつての勢いを失い、原発反対運動が環境保護運動を包含する格好になっていった。

このことを端的に示したのが、環境保護の広域的な市民運動団体一五グループを緩やかに組織化した「環境保護市民イニシアティブ全国連合」（BBU。一九七二年六月設立）の活動である。BBUはエコロジーの考え方に立って新しい社会運動を目指す無党派の組織で、設立後、BBUは原発反対運動に力を入れ、一九七〇年代後半には約一〇〇〇団体（会員総数は約三〇万人）を傘下に持つ旧西ドイツ最大の環境保護・反原発組織に育ち、大きな影響力を持っていた。

BBUの環境保護運動は七〇年代半ば頃まで地域レベルでも全国レベルでも、互いに連携し合っていたが、後半になると、原発建設反対運動に重点が移った。そして一九七九年以降、八〇年半ばまでは原発反対よりも欧州核武装やドイツ国防軍の核武装の反対運動にエネルギーがより多く注がれるようになった。

BBUのリーダーであったペートラ・ケリーは八〇年に緑の党の設立に関わり、自らが代表の一人になったことは前述した。ケリーが緑の党に移った後、社会民主党の連邦議会議員、ヨー・ライネンがBBUの代表になり、環境保護運動と平和運動との連携を強調した。ライネンは一九八二年六月十日の大規模な反核デモ準備委員会の責任者を務めた。(4)

原発反対運動はブロックドルフで見られたとおり、原発建設阻止への基本的かつ強硬な姿勢を崩さなかった。比較的穏健だったヴィールの原発反対運動でも、反対派が建設地を占拠した。環境保護運動は反原発運動と比べて、全般的に穏健だった。

活発化する原発反対運動のあおりを受けて、原発建設は遅々として進まなかった。一九七五年まで急増し続けていた原子炉の発注数は翌七六年から八〇年まで連続五年間、ゼロとなった。一九七〇年代末頃の稼働中の原発の所在地を掲げたのが、三二ページの図②である。原発反対運動の高揚は西ドイツの原発政策のあり方に決定的な影響を与えつつあった。

一九八〇年代前半、西ドイツの人びとが原発について、どう考えていたのかを示す目安が、世論調査の結果である。西ドイツの代表的な週刊報道雑誌『シュピーゲル』が一九八一年十二月に行なった世論調査によると、「これ以上の原発は不要」という人が調査対象者数の半数近くを占め、保守政党の支持者の中でも三分の一にのぼっていた。

◆連邦議会に二七議席を獲得

酸性雨による森林の枯死

一九七四年、シュヴァルツヴァルト（黒い森）のモミの木に初めて森林の樹木が衰弱・枯死する酸性雨被害が認められ、その後、酸性雨被害樹木の割合が年を追って増加した。食糧・農業・

森林省の調査によると、森林被害面積の割合は一九八二年から翌八三年にかけての一年間に七・七パーセントから三四パーセントに拡大した。酸性雨被害は、この後、八六年に五三・七パーセント、九一年には六二パーセントを超えた。

当時、西ドイツでも東ドイツでも、脱硫・脱硝装置の取付けが日本と比べて大きく立ち遅れていた。大量の硫黄酸化物と窒素酸化物が除去されないまま大気中に排出され、それが酸性度の高い酸性雨を降らせて西ドイツの森林が全国的に枯れ始めていた（図②参照）。

図②　西ドイツで、1980 年代に社会問題となった酸性雨による森林の枯死・衰弱問題とダイオキシンによる環境・人体被害について報じ、論評する週刊報道雑誌『シュピーゲル』の記事。

当時の政治状況を見ると、一九八〇年代初め頃、西ドイツでは社会民主党と自由民主党が連立政権を組んでいた。しかし、一九八二年十月、自由民主党が連立を解消したため、連立政権が信任投票に敗れてシュミット首相（社会民主党党首）が辞任した。

これを受けてキリスト教民主同盟のコール党首が首相に就任した。コール政権はキリスト教民主同盟および、その姉妹政党であるキリスト教社会同盟と自由民主党の保守連立政権である。

環境保護政党としてスタートを切った緑の党は、一九八三年三月の連邦議会選挙の選挙戦で、大きな社会問題となった酸性雨による森林被害の問題を争点とした。森林は多くのドイツ人にとって心の安らぎや精神的な支えを得る大切な場である。環境保全意識の高いドイツの人びとは、その大事な森林の大規模な枯死に大きな衝撃を受けた。深刻な事態になるまで大気汚染防止対策を怠ってきた従来の政治への怒りは留まるところを知らなかった。

ドイツ史上初、環境保護政党の大躍進

一九八二年十月、社会民主党と連立政権を組んでいた自由民主党が保守路線に転換、キリスト教民主・社会同盟と連立協定を結び、シュミット政権に対する不信任案を連邦議会に提出した。その結果、シュミット政権が崩壊し、連邦議会選挙が半年、繰り上げられて翌八三年三月に実施されることになった。

緑の党は、この連邦議会選挙の選挙戦で、森林の大規模な被害の原因が経済成長優先・環境軽視の政治がもたらした環境破壊であるとして厳しく批判し、「酸性雨被害を食い止めるために直ちに行動を起こそう」と呼びかけ、大気汚染防止対策強化の必要性を訴えた。酸性雨による森林被害の問題をこのように捉えて、選挙戦を戦った政党は緑の党だけだった。

『シュピーゲル』誌は連邦議会選挙前の二月二十一日号で「西ドイツでは二人に一人が原発に反対し、国民の六〇パーセントが米国の核ミサイルに反対している」と指摘、そのうえで「『緑の党』ほど酸性雨や原発に反対し、環境保護のために献身している政党は他にない。緑の党は社会全体のグリーン化の先頭に立ち、これを促している」と好意的に論評した。

緑の党の主張は環境保全対策の強化を求める人びとの共感を得て得票率五・六パーセントを獲得、議席ゼロから一躍二七議席を得た。ドイツの連邦議会で、新しい政党が誕生して議席を獲得したのは三十年ぶりである。

緑の党は酸性雨被害をもたらすような開発優先の既存政治に対する一般市民の怒りと危機感、原発の大量建設を推進する体制への批判をバネにして選挙戦を戦い、一躍、国政の檜舞台に躍り出た(図③参照)。この選挙で緑の党が得た得票総数の実に七〇パーセント近くが三十五歳以下の有権者の投じた票であった。若者を中心とする人びとの政治や社会に対する異議申し立てが草の根の市民運動の中から誕生し、わずか三年の若い環境保護政党を連邦議会に押し出したのである。

図③ 1983年3月の連邦議会選挙で27議席を占めた直後、議場でヘルムート・コール首相(前列左から2人目)に核兵器配備反対の要求文を書いた横幕を掲げる緑の党の議員。(南ドイツ新聞社提供)

この連邦議会選挙では、保守政党のキリスト教民主同盟が第一党、リベラル左派の社会民主党が第二党になった。右でも左でもない、第三党の緑の党は、この二つの政党の間に座を占めた。緑の党は連邦議会での大躍進に加えて、州と大都市の議会選挙で四九議席、市町村議会で三二〇議席以上を獲得した。緑の党の躍進が社会民主党政権を崩壊させる重要な原因となった。

草創期の緑の党には「底辺民主主義」が息づいていた。連邦議会の議員も議会外での直接行動を重視し、環境問題の起こっている現地で環境保護団体と協力して保護運動に取り組もうとする風潮があった。

ところで、緑の党は一九八〇年代、どのような人たちに支持されていたのか。一九八八年の調査によると、大学入学資格取得者が四二パーセントを占め、キリスト教民主・社会同盟と社会民主党の各一二パーセントとは対照的に高学歴者が非常に多い。宗派別ではプロテスタントと無宗派から平均を上回る支持を得ている。得票率の地域的な差異から見ると、緑の党は都市型政党である。(5)

◆緑の党と環境NGOの連携

酸性雨被害を機に連携が実現

緑の党は連邦議会進出後、酸性雨被害の防止対策や旧式のゴミ焼却炉から発生するダイオキシン類による環境汚染の防止対策に環境NGOと協力して取り組み、実績を挙げた。

環境問題・環境政策に体当たりで取り組む緑の党の躍進は「環境政策に力を入れなければ国民の支持が得られない」という教訓を西ドイツのすべての政党に与え、どの政党も環境政策に熱心に取り組むようになった。

そのうえ、ドイツ環境・自然保護連盟(地球の友＝FoE＝・ドイツ、グリーンピース・ドイツ、

ＷＷＦ（世界自然保護基金）・ドイツ、ドイツ自然保護連盟（ＮＡＢＵ）の四大環境団体と多数の小規模環境ＮＧＯ（会員の合計総数は二〇一三年現在、約五〇〇〇万人）も、酸性雨被害の発生以降、環境問題で互いに連携し合うようになった。

ＢＵＮＤは酸性雨被害と緑の党の連邦議会進出後、環境ＮＧＯ同士の連携を基に、グリーンピースや世界自然保護基金、ドイツ自然保護連盟などとともに、緑の党を始めとする各政党への働きかけを強めた。その結果、各政党に環境ＮＧＯとコンタクトを取る窓口が置かれ、どの政党も環境ＮＧＯとの協調関係を保つようになった。

その影響は大きかった。各政党は次第に環境重視型に変わり、それが総体として連邦政府に先進的かつレベルアップされた環境政策を打ち出すことを可能にした。酸性雨被害後、西ドイツが環境政策を充実・強化していくことができた背景には、環境ＮＧＯと各政党の、このような協調関係の構築があった。西ドイツと統一ドイツは、この基盤の上に環境先進国への道をひた走りに走り続けたのである。

一九八六年四月二十六日に発生したチェルノブイリ原発事故後、西ドイツの人びとの環境意識は一層高揚し、緑の党は、これを追い風として翌八七年一月の連邦議会選挙で八・三パーセントの得票率、四二議席（八三年三月には五・六パーセント、二七議席）を得た。緑の党の国政進出以来、これまでの約三十年間にドイツが成し遂げた主要な環境施策は次の六つである。

①厳しい規制策の推進による大気汚染と酸性雨発生防止対策
②ダイオキシン汚染の克服

③「生産者責任」(生産者は製品の廃棄まで責任を持たなければならないという概念)に基づき、包装容器の製造業者と販売業者に、その廃棄物の回収とリサイクルを義務づけ、包装容器廃棄物発生量を大幅に削減

④製品の生産から消費を経て廃棄に至るまでのすべての段階で、生産者責任を求める総合的な「循環経済・廃棄物法」の制定と、これに基づく循環型社会の構築の取組み

⑤再生可能エネルギーの普及

⑥原発を段階的に減らしていく脱原発政策

BUNDの基本政策も原発反対

ドイツには会員数が二〇万を超える大きな環境NGOが数団体ある。ドイツ環境・自然保護連盟(BUND、会員数・約五〇万人)、グリーンピース・ドイツ(会員数・約五三万人、ドイツ自然保護連盟(NABU。同・約三六万人)、WWF(世界自然保護基金。同・約二五万人)などである。どの環境NGOも原発反対だが、BUNDとグリーンピース・ドイツは脱原発の運動に特に積極的に取り組んできた。

日本の環境NGOの会員数と比べてみよう。日本で会員数が一番多い自然保護団体は日本野鳥の会だが、その会員数(サポーターを含む)は約五万一〇〇〇人。グリーンピース・ジャパンは約五七〇〇人で、グリーンピース・ドイツの一〇〇分の一に当たる。その他の環境NGOは、これよりずっと小さい。ドイツで環境NGOの活発な活動・働きかけが世論や政策形成に大きな影響を

及ぼしているが、日本では会員数からプレッシャーにならない。日独環境NGO間の、このような違いが国民の世論形成や政府・政党の政策形成の差に直結しているのが実情である。

BUNDが結成されたのは一九七五年七月二十日。原発建設に反対していた「フライブルク環境アクション」およびシュヴァルツヴァルト（黒い森）とボーデン湖畔を中心に活動していた二つの自然保護グループの三者を統合して結成された。設立当時、会員の中にバイエルンの自然保護団体のメンバーが多数、含まれていた。ここではBUNDと、その活動について述べる。

当時のBUNDの会員数は約四万人。環境・自然保護、平和、再軍備・核武装反対を支持する人たち、ウーマンリブなどの多くのグループがBUNDの結成に加わった。BUNDは自然保護に対する関心から出発、やがて環境問題全般に取り組むようになった。

その後、運動の重点を原発反対運動にシフトさせ、緑の党と同様に原発反対がBUNDの基本政策になった。環境保護市民イニシアティブ全国連合（BBU）とBUNDは密接に協力・連携し合って運動を進めた。核配備反対運動にも関わり、一九七九年十月十四日、BUNDはボンで一二〇団体、約一〇万人を集めて反核集会を開いた。

BUNDは各種の作業部会を設けて活動を専門化し、大きな組織と影響力を背景に、選挙の際、各政党の候補者に環境問題に関する質問状を送り、その回答を有権者に広報している。キリスト教民主同盟と社会民主党の二大政党や教会とは環境問題の勉強会に招待し合う関係にある。

BUNDは原発廃止を党是とする緑の党とは支持基盤がよく似ている。最もよく似ているのは原発建設反対運動に早くから直接参加し、できるだけ早期の脱原発を一貫して主張し続けてきたことである。緑の党とは数ある環境ＮＧＯの中で最も良好な関係にあり、緑の党もＢＵＮＤの協力を得て活動を続けてきた。互いに持ちつ持たれつの関係にあると言えるだろう。

緑の党の政権参加が実現（一九九八年十月）し、脱原発が実現されると、ＢＵＮＤの会員数は急増、二〇〇一年に三九万人、二〇一三年には約五〇万人になった。結成以来の三十八年間で会員数を十二倍に増やしたことになる。ＢＵＮＤの勢力伸長の経過はドイツの原発・環境政策発展の足跡を示す証しのようなものである。

ＢＵＮＤはバイエルン州の自然保護団体から出発した関係で、今もＢＵＮＤの会員総数の三五パーセントに当たる一七万人がバイエルン州の会員である。

ここで、ドイツと日本の大手電力会社の原発政策やマスメディアの原発報道と論評の動向について触れる。ドイツ人は性来、放射性物質を出す核に対して強い警戒心を持っている。ドイツでは日本と異なり、電力会社が「原発を安全なものである」とする安全神話を造って反対派を説得したり、安全対策をなおざりにすることは、ほとんどなかった。仮に安全神話を持ち出したとしても、長年の激しい原発反対運動や環境教育の影響で、国民が原発の危険性についてよく知っているから、強く反論され、はねつけられてしまっただろう。

また福島第一原発事故以前に限って見ると、ドイツのマスメディアは日本のマスメデイアとは異なり、総じて原発反対運動の側に立った記事を載せた。二〇一一年九月、来日したドイツ最大クラスの環境ＮＧＯ、ＢＵＮＤのフーベルト・ヴァイガー代表（ミュンヘン大学教授）（図④参照）は国会議員会館でドイツの脱原発に至る環境ＮＧＯの取り組みなどについて講演、その中で「ドイツ

図④　フーベルト・ヴァイガー・ドイツ環境・自然保護連盟代表（筆者、写す）

ではマスメディアが原発反対運動や脱原発に味方をしてくれた。このことがドイツの脱原発実現にプラスした」と語った。

日本のマスメディアはどうだったか。地震学の観点から日本の原発立地を厳しく批判してきた石橋克彦神戸大学名誉教授は新潟県中越沖地震で東電柏崎刈羽原発の全七基の原子炉が強震動被害を受けた時のマスメディアの対応について、著書『原発を終わらせる』（岩波書店、二〇一一年）の中で次のように厳しく批判している。

「もし、日本社会がこのとき理性と感性と創造力を最大限に働かせていれば、運転歴三〇年を超える福島第一原発の全六基は運転終了したかもしれない。痛恨のきわみである。柏崎刈羽原発の運転再開を急ぐ東京電力や政府の『用心棒』を務めた理学・工学の大勢の『専門家』と、批判精神を失って原発推進の広報と堕した大多数のマスメディアの責任は非常に重い」

原発裁判の判決などでもマスメディアは電力会社側の肩を持つような解説記事を載せた。電力会社が作った安全神話はマスメディアにも深く根を張っていたと言わなければならない。

第4章　チェルノブイリ事故と放射能汚染

◆史上最悪の原子力事故

欠陥制御棒と運転員のミス

一九八六年四月二十五日夜、ソ連ウクライナ共和国のチェルノブイリ原子力発電所4号機で、運転員が外部電力の停電時に備えて自家発電の実験を行なっているうちに、技術的な不手際のために出力が三万キロワットにまで下がった。出力の調節は燃料棒に頼るほかない。制御棒は引き抜くと、原子炉の反応が激しくなる仕組みである。(1)

二十六日午前一時、運転員は下がりすぎた出力を引き上げようとして、制御棒をほとんど引き抜いた。その結果、三万キロに下がっていた出力がぐんぐん上昇、二〇万キロにまで跳ね上がって止まった。原子炉は、これによって極めて不安定な状態に置かれた。だが運転員はなおも実験を続けた。

一時二十三分四秒、運転員が実験のため第八タービン発電機の蒸気停止加減弁を閉じた。すると、発電機に蒸気が送られてこなくなり、発電機の惰性回転力が低下、炉心流量が減少した。また低温の給水供給も止まり、水蒸気中の水滴を除去する気水分離器内を循環している水の温度が上昇した。その結果、原子炉の出力が上がり始めた。

蒸気停止加減弁を閉じてから三十六秒後、異常を知った当直責任者が運転員に緊急制御棒の挿入を命じ、運転員が挿入のためのボタンを押した。その六秒後、炉の出力が急上昇を始め、二十三分四十四秒には定格（一〇〇パーセント）熱出力の百倍を超えた。

その結果、冷却材が沸騰して核燃料が過熱した。核燃料の過熱によって核反応を抑制する働きをしている水が一気に排除されたために、核反応が急激に高まった。午前一時二十四分、蒸気爆発が起こり、炉心内にあった放射性物質、すなわち核分裂生成物が外部に放出された。その三秒後、水蒸気と燃料被覆間管の反応で発生した水素によって第二の爆発が起こった[2]。出力が通常運転の五〇〇倍にも達し、ついに原発の運転で最も恐れられている「原子炉の暴走」が起こったのである（図①参照）。

図① 1986年4月26日の爆発事故で破壊された直後のチェルノブイリ原発4号炉。事故後、4号炉を石棺で覆う工事が始まった。（ドイツ環境・自然保護連盟提供）

轟音とともに火柱が天空高く噴き上がり、一部は上空一五〇〇メートルに達した。二度の爆発によって原子炉本体と建屋の一部が大破し、火災が発生した。核燃料中のセシウムなど約四〇種類の放射性物質や真っ赤に焼けた金属の材料などが飛散、放出された放射性物質の総量は広島型原爆五〇〇発分を超えた。

チェルノブイリ原発事故は国際原子力機関（ＩＡＥ）が定めている原発事故の評価基準に照らすと、最大級の「レベル７」。人類史上、最大の原発事故である。爆発はなぜ起こったのか。一言で言えば、チェルノブイリ原発の制御棒の上部には核反応を抑える役割があり、その下部には核反応を活発化させる黒鉛の詰まった棒が付いていたことが最大の原因である(3)。

普通の原子炉は制御棒を差し込むと、核反応が減速するが、チェルノブイリ原発のような黒鉛型原子炉の場合、制御棒を差し込むと、制御棒の上部では核反応が減少するけれども、下部ではそこにあった水を排除して黒鉛に置き換えてしまう。つまり、一つの制御棒に核反応の促進と制御という、相反する出力調整機能を持たせたソ連特有の工夫が施されていた。

制御棒は一つ操作を間違えば、たちまち原子炉の暴走を招き、巨大な事故に繋がる危険性をはらんでいたのである。運転員が操作を間違えやすい仕組みの危険な制御棒が使われていたのは、ソ連のコンピュータ・システムの開発の遅れに原因があるとの見方が有力である(4)。

以上のことから、チェルノブイリ原発事故は制御棒の欠陥と作業員の操作ミスが重なったために発生したと言えよう。

事故処理で五万五〇〇〇を超える死者

４号機の爆発により、過熱した核燃料や真っ赤に焼けた金属片などが４号機の屋根や、これと隣接する3号機の屋根やタービン建屋の屋上などに飛散した。このため三〇カ所以上で火災が発生し、3号機の屋根の火災は4号機に飛び火する恐れが生じた。

火災発生の五分後、発電所消防隊二八人が到着、タービン建屋屋上の消火から始めた。その五分後にはプリピャチ市消防隊が到着、部指揮官、ムィコラ・ヴァシチュクが3号機と4号機の間に自動はしごを据え付けさせ、自分も隊員と一緒に原子炉建屋中央ホールにのぼってホースで消火に当たった。

消火や放射能汚染されたがれきの除去などの事故処理作業のため、ウクライナ共和国は全州から人を集めて総合部隊を編成した。部隊メンバーによる必死の消防作業の結果、4号機から3号機に燃え移る火を消し止めることに成功した。午前三時半、近隣の町から消防隊が駆けつけ、夜明け近くには4号機の炉心を除き、すべての火災が鎮火した。

屋根に上がって消火に当たった消防隊員七人のうちテルヤトニコフ少佐を除くヴァシチュクら六人が放射線被曝により急性障害を起こしてモスクワの病院に収容され、次々に死亡した。六人には英雄の称号が与えられた[5]。このほか消火作業に当たった消防隊員二三人も致死線量を超える被曝を受けて同様に死亡した。

爆発で壊れた4号機の建物の中にある高温の放射性混合物が溶けて下方に流れ、地下のプールの水と反応すると、水蒸気爆発が起こる恐れがあった。ソ連当局はロシア共和国ツーラ州の炭鉱労働者四七〇人を動員、二週間がかりで4号機の真下にトンネルを掘り、地下プールからの水抜き作業を行なった。

その後、核燃料混合物が溶けて新たな爆発が起こる危険性が指摘され、4号機の地下に水抜き作業のためのトンネルとは別に、長さ一七〇メートルの新たなトンネルを掘って核燃料混合物を冷やす作業を行なった。この作業にはロシアとウクライナの炭鉱労働者約三〇〇〇人が携わった。

五月中旬、4号機の爆発で破壊され、放射能に汚染された瓦礫の除去作業が始まった。政府当局からの求めで、放射能の研究データを分析した医師たちは事故処理作業で現場に滞在する時間を「七分位内」と報告した。作業は、これをめどとし、体に放射性物質を浴びた作業員を次々に交代させる人海戦術で進められた。

チェルノブイリ原発の爆発事故で破壊された4号機の原子炉からは、かなりの量の放射能が放出され続けた。放射能汚染を防ぐため、四月二十八日から五月十日までに砂や粘土、鉛、ドロマイト、ホウ素などの混合物合わせて五〇〇〇トンがヘリコプターから投下され、原子炉の燃焼が止まり、原子炉内の温度は五月六日までに低下し始めた。

放射性障害には急性毒性と晩発性障害がある。被曝量が多ければやけど、下痢、嘔吐、脱毛などの急性障害が起

図②　1986年4月26日に発生したチェルノブイリ原発の事故で破壊され、荒廃したウクライナの同原発周辺の街。ブントとバイエルン自然保護連盟の機関誌の表紙に掲載された。（ドイツ環境・自然保護連盟提供）

こり、著しい被曝の場合には死をもたらす。急性毒性はリンパ組織や造血臓器、生殖腺などで起こりやすく、被曝から発症まではわずか数カ月と短い。放射線被曝による晩発性の障害は長期間の潜伏期間を経て発症する。その代表的な疾患が悪性腫瘍、すなわちがんの発生である。

こうしてチェルノブイリ原発事故の後、4号機の消火や放射能に汚染された瓦礫の除去、4号機を石棺で覆う工事などさまざまな事故対策に携わった八六万人のうち放射能障害などの健康被害を受け、死亡した人の総数は約五万五〇〇〇人にのぼった[6]。この事故から八年後の一九九四年までにチェルノブイリ市では被災した市民のうち一二万五〇〇〇人が死亡した。九四年に行なわれた市民の健康診断では、チェルノブイリ市の七五居住区からの避難者九万一〇〇〇人のうち、実質的に健康な人は全体の二七・五パーセントにすぎなかった。市民の全般的な発病率は一九八七年から九四年までに二倍以上、発がんは十二倍、神経系の疾患は七倍、心臓脈系の病気は五倍に、それぞれ増加した[7]。

ウクライナ語で書かれた『チョルノブイリの火　勇気と痛みの書』（河田いこひ訳、風媒社、一九九八年）には、チェルノブイリ原発事故の発生から消火や放射能汚染されたがれきの処理作業と被曝して他界して行く消防士の悲劇的な活動、「石棺」の建造などが証言を基に克明に記述されている。

◆近隣国と欧州の大半が放射能汚染

ベラルーシとウクライナの被害

チェルノブイリ原発の所在地は白ロシア共和国（一九九一年十二月、独立とともにベラルーシに改称。ここではベラルーシ）とウクライナの国境からわずか約一五キロメートルのチェルノブイリ市。4号機爆発事故の発生当時、南西風が吹いていたから、放射性物質（セシウム１３７、ストロンチウム90、プルトニウム２４１）がベラルーシ南部や南東部など国土の二三パーセンに当たる四万六四五〇平方キロもの広い範囲にまき散らされた。

ソ連政府当局はチェルノブイリ原発から半径三〇キロ圏内を強制避難地区に指定、五月二日から六日にかけてウクライナ北部とベラルーシ南部および東南部の約九万人を避難させた。しかし、多くの人が退去するまでにすでに大量の放射性物質を大気や農作物、牛乳、家畜の肉などを通して人体に取り込んでいたために、体内で被曝（内部被曝）が続き、後に深刻な疾患が多発した。

一九九一年五月、ソ連最高会議はベラルーシ、ウクライナ、ロシアの放射能~汚染地域から新たに二八万人を移住させる決議を採択した。この後、ソ連は連邦を構成する共和国の独立を求める機運が高まり、十二月にソ連が崩壊し、ロシア、ベラルーシ（一九九一年に白ロシア共和国をベラルーシと改称）、ウクライナの各共和国が誕生した。

チェルノブイリ原発事故の責任を第一に負うべきソ連が崩壊した結果、ベラルーシ、ウクライナの両国が放射能による環境汚染と放射能障害を受けた健康被害者の救済対策に取り組まざるを得なくなった。ベラルーシやウクライナは、それぞれ被災者を救済する法令を制定、汚染地住民の健康被害に対する社会的保障制度を整備した。

ベラルーシ政府はソ連崩壊に伴う独立後、毎年、国家予算の一五パーセント以上を原発事故の被害対策につぎ込んだ。ウクライナも、原発事故の被害対策に毎年、巨額の財政支出を続けたために財政が窮迫された結果、被害者救済策は実質的に後退した。

チェルノブイリ原発事故から二十周年を迎えた一九九六年、ベラルーシ政府は「事故対策に国家予算の一五パーセントを投入し続けることは、もうできない」として、汚染地域から汚染のない地域に移住させる政策を打ち切り、汚染井戸水や薪を使わなくとも済むように水道やガスなどを整備して汚染地域に住まわせた。

チェルノブイリ原発のあるウクライナでは一九八八年から九四年までの六年間に死亡した被災者が一二万五〇〇〇人（ウクライナ保健省の調査）を超えた。汚染地域に住む十八歳未満の子どもたちの疾患は呼吸器系、循環器系、消化器系、内分泌系、アレルギー疾患など多岐にわたり、特に甲状腺がんの発生率が高い。

一九九五年四月二十六日、ウクライナ共和国最高会議は主要先進七カ国（G7）と欧州連合（EU）に向けて、「ウクライナ国内には放射能に汚染された居住地区が二〇〇〇カ所以上あり、合計二五〇〇万人がそこに住んでいる。事故の後遺症に苦しんでいる国民は四〇〇万人（うち子どもは一五〇〇万人）を数えている」との声明を発表した。

原発史上最悪の事故から二十七年が経過した今も、チェルノブイリ原発から半径三〇キロメートル圏内は高濃度の放射性物質による汚染のため居住が禁止されたままで、強制移住させられた約一三万五〇〇〇人は故郷に戻れる状況にはない。三〇キロ圏外のウクライナ北部でも、牛乳やジャガイモから高濃度の放射性セシウム137が検出されているという。

旧原発4号機は事故の半年後にコンクリート製の石棺で覆われたが、耐用年数は三十年と言われ、崩壊の恐れが指摘されている（図③参照）。このため二〇一五年をめどに石棺全体をかまぼこ状の金属製シェルターで覆う計画が欧米や日本など二〇カ国以上の国々の資金援助で進められている。建設費は日本円にして約一二〇〇億円。二重の石棺を壊して旧原発の原子炉内に残る溶けた燃料を取り出し、完全な廃炉とするまでには、後一〇〇年以上かかると見られている。

図③　破損したチェルノブイリ原発4号機を覆って建設されたコンクリート製の石棺。1998年11月28日、写す。（REUTERS／SUN提供）

北欧、中・東欧、南欧を次々に汚染

チェルノブイリ原発事故によって、空高く噴き上げられた推定数億キューリーにのぼる大量の放射性物質、すなわち「死の灰」は最初、北欧に運ばれた後、南に向きを変えてヨーロッパの大半の地域にばらまかれたルートと、これとは別にジェット気流に乗って東方に向かって途中で拡散、北半球一円に広がったルートの二つをたどって流れた。

南東の風に乗った放射性物質は白ロシア（一九九一年九月、ベラルーシと改称）、ポーランド、バルト三国、スカンジナビア諸国方向へ運ばれた。二十八日午前九時、スウェーデン中部にあるフォルスマーク原発の作業員が仕事に就くと、放射能検知器の警報ランプが点滅した。

同原発が約七百人の作業員にガイガー計数管を当てて検査した結果、衣服や靴から平常の五倍から一〇倍の放射能が検出された。原発敷地内外の土壌を調べてみたところ、どこも異常に高い濃度の放射能によって汚染されていた。フォルスマーク原発の作業員は放射能が同原発から発生したものではないことを知って胸をなで下ろし、スウェーデン政府当局に汚染の事実を報告した。

その結果、放射能はスウェーデンの海岸に二十七日に到達していたことをスタズビック・エネルギー技術公社が無人放射能探知施設の記録からキャッチしていたことを知った。この無人放射能探知施設は本来、核実験などの核爆発を探知するためのものである。同公社は放射能雲の拡散方向と、二十六〜二十七日の風向きから、放射性物質の汚染源はスウェーデンの南東方向であると見た。

次に同公社は、さらに飛来した放射性物質を分析した結果、原子炉事故の際に放出されるヨウ素131やセシウム137などの核種が異常に高いことに着目した。この二つの事実を基に同公社は、「放射性物質の発生源はスウェーデンの南東方向にあるソ連の原発事故に違いない」と推測した。この推測は的中した。(7)

スウェーデン政府はソ連政府よりも一日早く事故の発生を知り、事故の発生をキャッチした世界最初の国となった。チェルノブイリ原発事故の発生がゴルバチョフ・ソ連共産党書記長のもとに届いたのは事故発生から三日後の四月二十九日であった。ソ連政府は自国で発生した史上最大の原発事故の通報を三日間も受けることができず、危機管理体制の驚くべき不備と欠陥をさらけ出した。

事故発生から三日経った四月二十九日、北欧では風向きが南や南西の方向に変わった。このためスカンジナビア諸国周辺の空を彷徨《ほうこう》していた大量の放射性物質が南に転じ、西ドイツ、フランス、イタリア、ルーマニア、ブルガリア、ユーゴスラビア、トルコなどに向かった。その一部は西へ向かってフランスや英国に「死の灰」を降らせた。

放射性物質の欧州大移動によって、ヨーロッパの大半の地域の畜産物、牛乳、鶏卵、野菜などが放射能によって汚染された（一〇四ページ参照）。膨大な数の人びとが食品を通じて直接、放射能被曝の危険にさらされる事態となり、各国は食品・飲料水などの摂取制限などさまざまな対策を実施した。スイスでは九月三日になって、湖の水質が放射能によって汚染されていることがわかり、禁漁措置が採られた。

一方、東に向かった「死の灰」はジェット気流の偏西風に乗って東進し、五月二日午前九時にシベリアのバイカル湖付近に達した。汚染物質は、ここでジェット気流から分かれて南東方向に向かい、同日午後九時には中国の北京北部、五日朝には山東半島沖の黄海上、日本の中部地方には五月六日午前九時に到達した。

チェルノブイリ原発の爆発事故で放出された「死の灰」は事故から十日後に北半球の八〇〇〇キロメートルを超える長距離を旅して日本に飛来した。この事故で、危険レベルとされている一平方メートル当たり三七キロベクレルを超える汚染地域で被曝した人は推定六億人（子どもを含む）にのぼった。まさに「死の灰」の地球汚染である。

事故が醸成した欧州の脱原発機運

チェルノブイリ原発事故で空高く舞い上がった放射性物質は風向きの変化で欧州諸国の広範な環境と、そこに住む膨大な数の人びとを汚染した。その汚染状況を各国別に見よう。

スウェーデン

スウェーデンはソ連以外で放射性降下物の量が最も多い国となり、大量のトナカイが国の定める放射能許容基準を超えた。一キログラムの肉から二万五〇〇〇ベクレルのセシウムが検出されたトナカイもあった。

この原発事故の後の世論調査では、原発の存続を望む人は二六パーセントと少なかった。これを受けてスウェーデン議会は①二〇一〇年までに一二基すべてを廃止する、②一九九五年に一基目、九六年に二基目の原子炉を廃棄する、③建設中の原発は完成して稼働させるが、それ以上は建設しない。これらのことを決議し、政府に提出した。

一九九九年十一月三十日、政府は廃止予定一基目のバルセベック原発1号機（シドクラフト社所有）を閉鎖し、二基目のバルセベック原発1号機を含む一二基の原発全部を二〇二〇年までに廃止することを決定した。

スウェーデンでは原発が電力供給の総量に占める割合は二〇〇五年四月現在、約四六パーセント。このため二酸化炭素や硫黄酸化物などの排出量を抑え、環境を保全しながら原発を段階的に廃止するという困難な道を歩み始めた。

フランス

放射性物質は風に運ばれてフランスにも飛来し、フランス東南部、アルプス山脈や南部の一部地域の土壌およびコルシカ島の大気から高レベルの放射性汚染物質が検出された。事故発生当時、フランス国内では原発と高速増殖炉の相次ぐ事故の影響で原発に反対する声が高まっていたせいか、原子力行政当局は放射能汚染物質による大気や土壌の汚染を隠して汚染に関する正確な情報を知らせず、「フランスは気圧の関係で大丈夫」などと宣伝した。独立機関の物理学者二人がまとめた報告書も公表しなかった。

それでも原発反対の声が高まった。事故から四カ月後の一九八六年八月の雑誌『レクスプレス』の世論調査では原発反対が過半数の五二パーセントにのぼり、翌八七年には五八パーセントを超えた。一九八九年六月の欧州議会選挙ではフランスから「緑の党」の九人が議席を獲得した。

チェルノブイリ原発事故による汚染に関連して行政訴訟が起こされ、二〇〇五年十二月、担当判事が原子力学者の作成した報告書を原告側に開示した。その結果、政府がそれまで隠してきた汚染の実態が初めて明らかになった。フランス政府防護局の記録データからは、原発事故で大気中に放出された放射能の雲がフランス上空に飛来したことが明らかになったのである。土壌や大気の放射能汚染が確認された地域の住民は「私たちは何も知らされなかった」と語った。

フランスでは、原子力行政当局が放射能汚染物質による大気や土壌の汚染を隠して汚染に関する正確な情報を知らせなかったために、原発反対運動が高まらなかったと考えられる。放射性汚染物質の飛来を行政当局が意図的に隠したとすれば、大きな問題である。

イタリア

放射性物質は四月三十日に北イタリアのイスプラに達し、イスプラでは通常の二倍の放射性物質が検出された。五月二日夕、デガン保健相が今後十五日間の生鮮野菜の販売と十歳以下の子どもと妊婦の牛乳（五月二日以前に製造されたLL牛乳を除く）摂取を禁止する命令を出した。

五月十日、ローマで約二〇万人が参加した原発反対デモ、同日夕方からは新たな原発建設予定地に決まっていたロンバルディア州マントバでは約五〇〇〇人のデモが行なわれた。翌十一日には原発建設反対や国民投票の実施などをスローガンに掲げた約三万人がイタリア北部のカサーレから原発建設予定地トリノ・ヴェルチェレーセまでデモ行進した。

二十二日、代表的な環境保護団体などで構成する「国民投票実行委員会」が原発廃止の是非を問う国民投票を要求する署名集めを始めた。八月二十日、署名は一〇〇万二〇〇〇人に達し、最高裁判所に提出された。

翌八七年十一月八日～九日の国民投票の結果、脱原発を求める票が投票総数の八割近くを占めた。これを受けて政府は十二月、①今後五年間、新規の原発を建設しない、②運転中の原発一基の閉鎖、建設中の原発工事の中断などを決めた。

一九八八年七月八日、イタリアのエネルギー政策委員会は電力総供給量のわずか四・六パーセントに低下していたイタリアの原発による電力供給割合を一九九〇年までにゼロにする「全国新エネルギー計画」を策定した。

しかし、電力不足が深刻化したため、イタリアは一九九一年、再生可能エネルギーの開発、産業部門や輸送機関、住宅部門などの各部門ごとの省エネルギーやエネルギーの有効利用を求めるエネルギーに関する枠組み法を制定した。その結果、電力の総生産量に占める再生可能エネルギーのシェアが急増、効率の高い熱併給型の発電プラントは一九九〇年から一九九九年までの九年間に約二〇パーセント増加した。

ベルギー

ベルギーはフランスと同様、第一次石油危機以降、原発建設による電力生産の道を歩んでいたが、チェルノブイリ原発事故を機に原発批判の世論が高まり、原発に代わって天然ガス火電の建設が進められた。原発事故から二年後の一九八八年、ベルギーでは八基目の原発建設計画が放棄され、新たな原発建設にとどめを刺した格好となった。

キリスト教社会党を中心とする連立政権は原発建設の推進をもくろみ、翌九九年二月、エネルギー政策見直しのため諮問委員会を発足させた。しかし、同年六月の選挙で原発推進を政策に掲げるキリスト教社会党を中心とする連立政権が敗北、代わりにフラマン系自由民主市民党、ワロン系自由改革、ワロン系社会党、フラマン系社会党、「緑の党」のエコロ（ワロン系）、アガレフ（フラマン系）の六党連立政権が成立した。

「緑の党」のエコロ、アガレフ両党の政権参加は第二次世界大戦後、初めてである。二〇〇二年三月、両党は脱原発法案を国会に提出、翌〇三年一月一六日に「商業用原子力発電からの段階的撤退に関する法律」が成立した。この法律によると、原発の使用期限は四十年間。原発の閉鎖時期は二〇一四年に始まり、二〇二五年に完了する。

二〇〇六年二月の時点で、ベルギーの原発は全部で七基。総発電電力量に占める原発の発電量、すなわち原子力比率は約六割である。ベルギーは当面、原子力発電の撤退に代わる重要なエネルギー源として天然ガスを位置づけているが、長期的には風力発電などの再生可能エネルギーの開発で代替する考えで、「商業用原子力発電からの段階的撤退法」を制定した。

オーストリア

オーストリアは一九七二年、首都、ウィーンの中心部から西へ約四〇キロメートルのドナウ川畔にツヴェンテンドルフ原発の建設に着手した。自然保護団体、キリスト教関係者などが原発反対運動を起こし、七七年に地震学者がドナウ河畔の原発建設地で地震が発生する危険があると警告した。このため国民議会はツヴェンテンドルフ原発（七八年春に完成）の稼働を認めるかどうかの国民投票を実施することを決定した。

七八年十一月五日の国民投票は原発稼働賛成が四五・五パーセント、反対が五五・五パーセントと僅差だったが、原発を永久につくらないことが決まった。オーストリアはチェルノブイリ原発事故発生以前に脱原発に踏み切った世界最初の国である。

翌十二月、国民議会は「オーストリアにおけるエネルギー供給のための核分裂の使用禁止」に関する法律（原子力禁止法）、一九九九年には「原子力のないオーストリア」という名の法律をそれぞれ制定した。後者の法律には原発によるエネルギー生産施設の稼働と核兵器の製造、保有、移送、実験、使用を禁止することが明記されている。

原発を拒否したオーストリアでは現在、電力需要の約五四パーセントをアルプスの山々から流れる豊富な水を利用した水力発電、約二五パーセントを火力発電所（五基）、八パーセントを太陽光や風力発電、木材などの再生可能エネルギーによる発電で生産している。

◆西独バイエルン州が高濃度汚染に見舞われた

セシウム、ヨウ素高濃度のミュンヘン

チェルノブイリ原発事故で放出された大量の放射性物質の大部分が事故発生の三日後、西ドイツ最南端のスイス、オーストリア国境沿いの南部、バイエルン州に運ばれた。この地域では四月二十九日から五月二日にかけて降雨と激しい雷雨が続き、放射性物質は、この降雨とともに降下・沈着し、土壌を汚染した。

西ドイツ政府は一九八七年にチェルノブイリ原発事故による環境と人体の汚染に関する非常に詳

細な公式報告書を発表した。この報告書には「西ドイツ全土に降下したセシウム１３７の総量は過去の核実験によって放出され、降下したセシウム１３７の五～一〇倍に相当する」と記録されている。チェルノブイリ原発事故で汚染された国々の中で、総人口の受けた放射性物質実効線量の合計が最も多かったのは西ドイツである[8]。

そのドイツの中でも、ミュンヘン周辺を中心とするオーストリアとスイスとのドイツ国境沿いの土壌中に含まれるセシウム１３７の濃度が全国で最も高かった。この地域からは地面から深さ五センチまでの土壌から一平方メートル当たり二万～二万四〇〇〇ベクレルという高濃度のセシウム１３７も検出された[9]。

このことは西ドイツ政府の公式報告書に掲載されている西ドイツのセシウム１３７による地表の汚染状況を示した図④からも明らかである。

ミュンヘン周辺の緑黄色野菜一キログラム当たりのヨウ素１３１には一〇〇〇～二万ベクレル、セシウム１３７などの放射性セシウムが二〇〇〇～九〇〇〇ベクレル検出され、著しい汚染の緑黄色野菜は大部分が廃棄処分にされた[10]。廃棄を求められた野菜に対する補償がまったくなされなかったから、農家の人たちの怒りは大きかった。こうした農家の怒りが脱原発を求める運動に繋がった。

牛乳に含まれるヨウ素１３１の許容量は一リットル当たり五〇〇ベクレルとされ、厳重な規制が実施された。住民は野菜、肉、牛乳などを口にしないこと、雨水との接触を避けることを求められた。とりわけ子どもは大人よりホルモンを活発に作るためにヨウ素が集まりやすく、放射性ヨウ素も普通のヨウ素と同様に取り込んでしまう。

図④　西ドイツのセシウム 137 による地表汚染状況

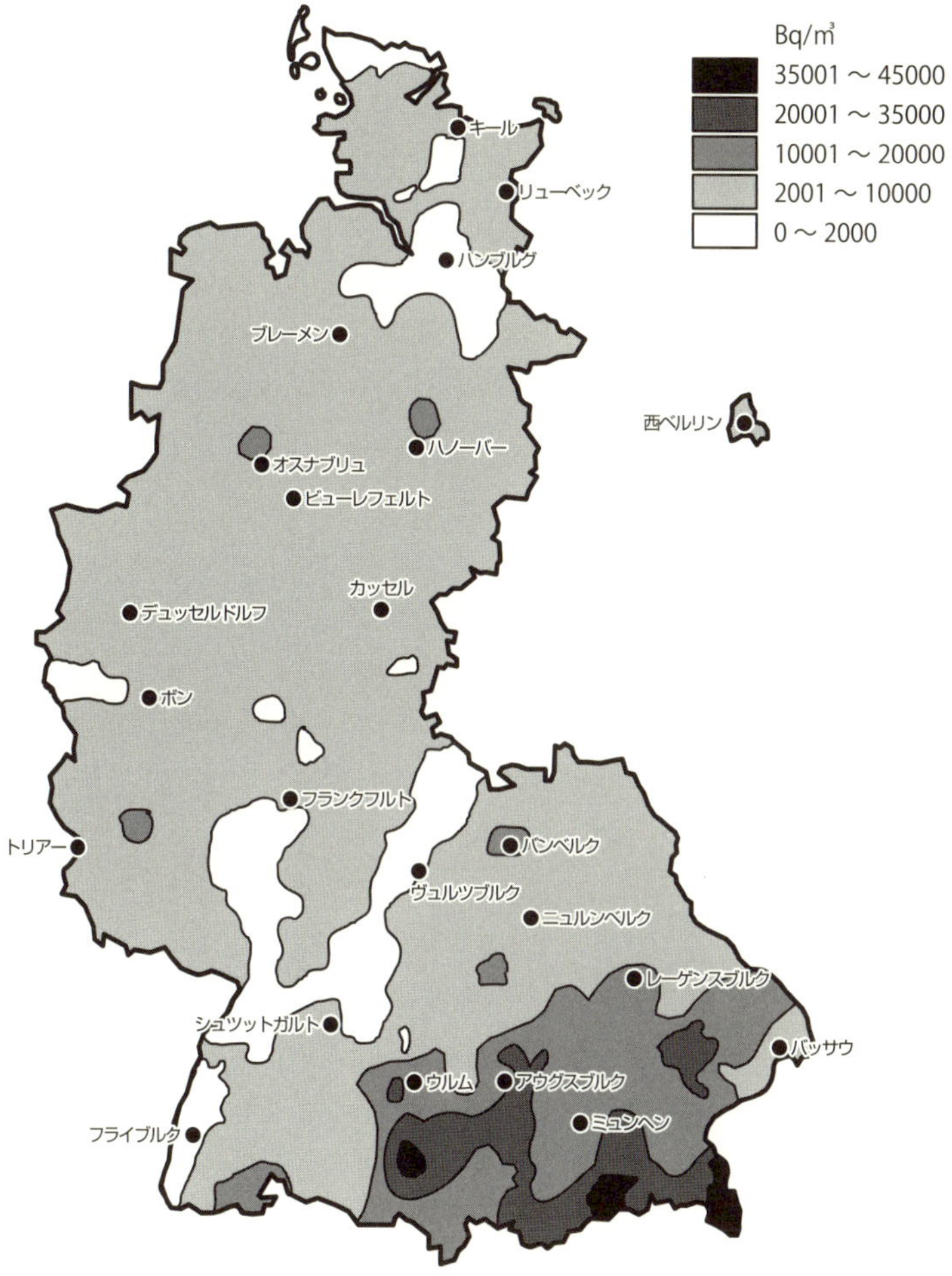

出所：Auswirkugen des Reactorunfalls in Tschernobyl auf die Bundesrepublik Deutschland. Zusammenfassennder Bericht der Strahlenschutzkommission. (Stuttgart, Gustav Verlag, 1987) P.47

このような野菜や牛乳のヨウ素含有量の高さは甲状腺の線量に直結した。ヨウ素131による甲状腺の線量は西ドイツ南部がヨーロッパで最も高かった。症状が重い患者の線量の最高は三万マイクロシーベルトという非常な高さ。ミュンヘンの子ども一人当たりの平均実効総線量はハンブルクの子どもの五～六倍も高かった(11)。

当時、ミュンヘンの市長は原発推進派だった。放射性物質によって環境が著しく汚染されたから、住民の健康被害も少なくなかったはずだが、市は健康被害に関する情報を公開しなかった。

汚染粉ミルク五〇〇〇トンを地下に埋蔵

チェルノブイリ原発事故で核分裂を起こして放出された放射性物質のうち、放射線量が半分に減る半減期の長い物質がストロンチウム90（半減期・二八・七八年）やセシウム137（同・三〇・〇七年）など。ストロンチウムやセシウムはヨーロッパで土壌を汚染し、長期汚染の原因となった。土壌中の放射能が野菜や草の根に溜まり、人がこれを食べると、濃縮が進み、内部被曝が起こる。牛が食べると、牛乳や牛肉が汚染される。汚染牛乳に代わり、粉ミルクが使われた。

ところが原発事故の翌年、一九八七年になって、粉ミルクから放射能が検出された。西ドイツ・バイエルン州では汚染された粉ミルクから一キログラム当たり約六〇〇〇ベクレル（一六万二〇〇〇ピコキュリー）の放射能が検出され、処分されることになった。

二月八日、バイエルン州の乳製品工場が汚染粉ミルク約五〇〇〇トンをアフリカに輸出しようとした。しかし、ブレーメン市当局が積み荷の輸出をストップし、汚染粉ミルクは連邦軍による警備のもとに軍用特別線路を走る貨車二五二両に積み込まれた。汚染粉ミルクは埋め立て処分も焼却処分もできず、結局、地下に埋蔵された[12]。BUNDは毎年、事故の起こった四月二十六日を「チェルノブイリ・デー」と名付け、大きなデモを続けている。

バイエルン州では高い濃度の放射能汚染が長い間、続いた。チェルノブイリ原発事故から十九年後の二〇〇五年、バイエルン州の森林地帯の一部のキノコから一キログラム当たり一一五〇ベクレルのセシウムが検出された[13]。西ドイツ北部の放射能汚染はバイエルン州と比べれば、かなり低かった。それでもハンブルク卸売市場では原発事故の直後、入荷量の四分の一が売れ残り、汚染野菜が大量に廃棄処分された。

連邦環境・自然保護・原子炉安全省の設置

チェルノブイリ原発事故で飛来した放射性物質は西ドイツ南部を中心に土壌、生鮮食料品、牛乳、乳製品などを汚染した。放射性物質を呼吸によって吸入したり、汚染食物を口にすると、体内に取り込んだ放射性物質から出る放射線のために内部被曝が起こる。内部被曝の放射線量が高ければ高いほど、甲状腺の細胞の活動を司るDNA（デオキシ・リボ核酸）が傷つけられて異常な細胞が生まれやすくなり、最悪の場合、がんを発症する。

一九八六年から九一年にかけて、ドイツ環境・自然保護連盟（BUND）が西ドイツ全土の各原発から五～一〇キロメートル圏内での小児がんの発症確率を調査し、大学の研究者によって「中立的な研究」として発表された。その結果、原発から五キロメートル圏内では、子どもたちの小児がん罹患率が明らかに高まっていることが確認された。調査結果は反核ネットワーク（ＩＰＰＷ）のホームページで公開された。

チェルノブイリ原発事故発生当時、西ドイツには放射能汚染問題を専管する省庁がなかった。このため放射能汚染から身を守る適切な対策が取れなかった。これに対し社会民主党と緑の党が連立政権を組むヘッセン州では事故発生当時、「緑の党」のホープ、ヨシュカ・フィッシャー環境相が五月一日夕方、親たちに対し、テレビを通じて、

①子どもたちを家に連れ帰り、シャワーを浴びせること

②牛乳を飲まないこと

の二点を呼びかけた。

二日、国際放射線防護委員会（ＩＣＲＰ）はヨウ素の場合、子どもに対して大人より十倍も厳しい「一リットル当たり五〇〇ベクレル」の許容基準を交付した。しかし、連邦政府は「大人の許容量に達していない」として、放射能汚染への対応措置を取らなかった。

これに対し、フィッシャー環境・エネルギー相は幼児や妊産婦の安全を重視する観点から、国際放射線防護委員会が示した子どもの基準より、もっと厳しい同二〇ベクレルを子どもに対する許容基準とし、基準以上の放射能を含む粉ミルクなどの乳製品の販売を禁止した。

半減期の比較的短いヨウ素は強制措置で対応できたが、半減期の長いセシウム１３７などを含む家畜の飼料干し草については、汚染度の非常に高いものは強制的に廃棄させ、低いものは量的に規制しながら流通を認めた[14]。

ヘッセン州の農業相（社会民主党）は正確な放射能値が明らかになるまで牛を放牧しないよう勧告した。連邦政府はヘッセン州が取ったような規制措置を取らなかったために、人びとの不満が政府批判となった。その結果、連立政権の与党であるキリスト教民主・社会同盟と自由民主党の支持率が低下した。

チェルノブイリ原発事故当時の西ドイツの政治状況を見ると、一九八三年三月の連邦議会選挙以来、議会の与野党の勢力は伯仲し、連邦参議院は野党が過半数を占めていた。コールの率いるキリスト教民主・社会同盟と自由民主党の連立政権（一九八二〜九八年）は事故後も、原発の増設を基本とするエネルギー政策を推進した。

事故から四十日経った六月五日、連邦政府は首相令によって連邦環境・自然保護・原子炉安全省（略称・環境省）を設置した。連邦環境省には環境関係の業務や権限、法律などが統合・移管されたが、エネルギー政策の決定などの業務は従来どおり連邦経済省に留められた。連邦環境省の発足時、職員数約三四〇人の少人数だったが、翌八七年に約五二〇人に増えた。

最初の大臣に環境政策の経験がまったくないヴァルター・ヴァルマン前フランクフルト市長が任命された。ヴァルマンは環境相就任早々、「放射能保護予防法」（一九八六年）制定のイニシアティブを取り、同法は十二月三十一日に施行された。野党、環境保護団体、学者などはヴァルマンを「原発など核エネルギー生産の政治的寿命を延ばし、核エネルギーに対する批判的な意見を制限しようとしている」と批判した。

その後、放射性燃料再処理の許可や放射線防護などの危機管理対策の欠落や行政組織上の欠陥が明るみに出た。ヴァルマンは適切に対応しなかったとして批判を浴び、翌八七年五月、環境問題の専門家、クラウス・テプファー教授と交代した。[15] テプファー環境相は保守政権（キリスト教民主同盟のコール政権）の下ではあったが、太陽光発電や風力発電などの再生可能エネルギー開発に積極的に取り組み、実績を挙げた。

◆社会民主党が原発政策を大転換

画期的な「十年以内の段階的廃止」政策

チェルノブイリ原発事故が破局的な状況を引き起こすと、原発反対運動は新しい局面を迎えた。デモや集会などが全国各地で盛んに行なわれ、「すべての原発の閉鎖を要求する」という多数の決議やアピールが採択された（図⑤を参照）。

チェルノブイリ原発事故の翌月、すなわち一九八六年五月の世論調査によると、原発反対が西ドイツの人口の六六パーセント。そのうちの一二パーセントは「原発はただちに廃止すべきだ」との意見、一定期間後に止める必要があるとする意見は五四パーセントだった。

週刊報道雑誌『シュピーゲル』（一九八六年七月二十八日号）に掲載されたエムニーダート世論調査研究所の六月下旬の調査結果によると、「現在の繁栄を維持するには今後も原発を建設しなければならない」という意見はチェルノブイリ原発事故の四年前の一九八二年三月時点の五二パーセ

図⑤　原子力発電に反対する抗議行動への参加者数

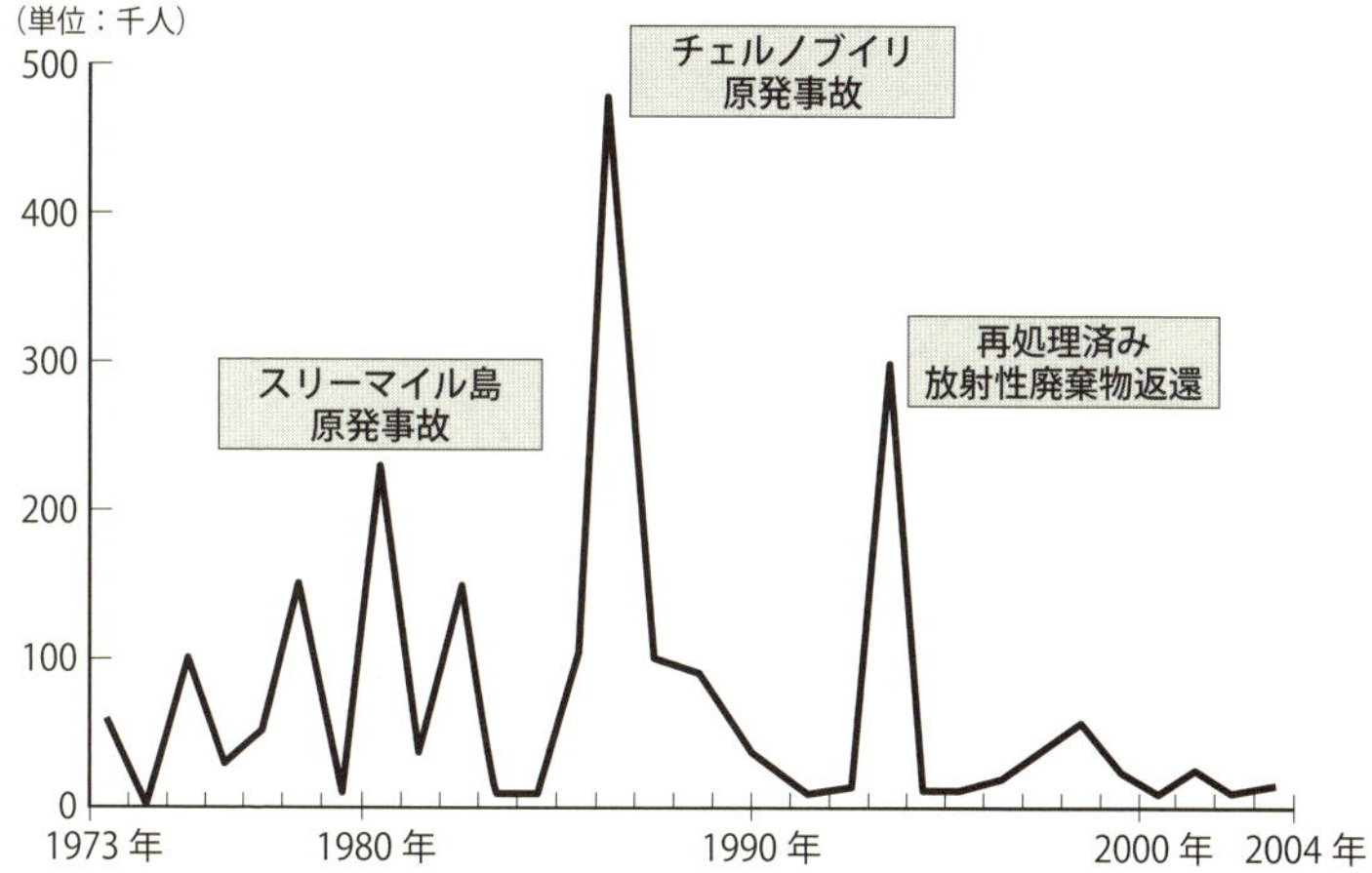

筆者注）抗議行動参加者数は1994年の後、2010年（メルケル政権の脱原発期限延長）と2011年（福島第一原発事故～脱原発期限延長の白紙撤回まで）の２回、急増した。

出所：Die sozialen Bewegungen in Deuthchland seit 1945

ントから一八パーセントに急減した。

逆に「これ以上の原発建設には反対」は四六パーセントから八一パーセントに急増した。八一パーセントのうち原発の即時停止を求める意見は二〇パーセント、「現在、操業中の原発は一定の過渡期の後、操業を停止すべきだ」という意見が六〇パーセントだった。

社会民主党は八六年八月十五日から五日間の日程でニュールンベルクで党大会を開き、ブラント元首相を党首に選出するとともに、翌八七年一月の連邦議会選挙に向けた、新しいエネルギー政策を盛り込んだ選挙綱領を満場一致で採択した。ふたたび党首に返り咲いたブラントは社会民主党青年部の全国大会で「党が核エネルギーを肯定したことも、自分自身が核に平和利用を何十年にもわたって支持してきたことも誤りだった」と述べ、ブラント首相時代を含む過去の社会民主党の原発拡大政策の誤りを率直に認めた。

党大会で採択された選挙綱領の草案起草委員長は社会民主党内エコロジー派の中心人物、エアハルト・エプラー。採択された選挙綱領には次のよう注目すべき脱原発政策が盛り込まれた。

①社会民主党は原子力エネルギーが短い過渡期のものでしかないことを学んだ。党は核を使わず、より安全で、環境保護の上からも好ましいエネルギーへの移行を達成する。西ドイツにある稼働中の原発一九基を今後十年間に段階的に停止する。

②新規の原発建設は認めない。

③代替エネルギーを開発する。

ドイツ労働組合連盟（DGB）も、国ができるだけ早く脱原子力を可能にするエネルギー政策の実施を要求することを決議した。

社会民主党は炭鉱労働者の雇用確保という立場もあって石炭・褐炭利用の堅持を主張してきたが、同党は原発反対運動の高まりとドイツ労働組合連盟の脱原発への傾斜を受けて、原発政策を大転換した。

「過去の社会民主党の原発拡大政策が間違っていた」と告白し、原発反対の決意を新たにした国民的人気の大政治家（ノーベル平和賞受賞）でもある最大野党、社会民主党党首、ブラントの政策転換発言、新規の原発建設反対を盛り込んだ同党の選挙綱領、同党の支持基盤であるドイツ労働組合連盟の脱原発への傾斜の三つは、ドイツを脱原発へ向かわせる極めて重要な要因となった。

原子力施設が相次いで建設中止に

社会民主党が打ち出した新しい原発政策は同党が政権を握っているノルトライン・ヴェストファーレン州のライン河畔に完成したばかりのカルカー高速増殖炉の操業に適用されるのか。カルカー高速増殖炉は四カ月後の八六年十二月に運転を開始する予定だったから、人びとの関心の的になった。

カルカー高速増殖炉の原子炉は一九八六年四月二十六日のチェルノブイリ原発事故の後、同原子炉がSNR300と似ていることから、事故の危険性があるとして、州政府内に建設に反対する意見が強まった。カルカー高速増殖炉には危険性の他に、建設コストが当初予定の一八億マルクから八〇億マルクに跳ね上がったという問題もあった。

建設に反対派が運動を続けているうえ、完成しても経済効果が少なく、技術面でも建設は不適当と見られていた。

社会民主党が政権を担っていた同州では、カルカー高速増殖炉事故の危険性と建設費の増大という二点を考慮して高速増殖炉の建設を断念、ラウ首相が同年七月、カルカー高速増殖炉の燃料装荷や試運転の許認可を出さない考えを表明、さらに運転許可を取り消した。

この頃、カルカー高速増殖炉は建設費用が嵩み、損失が巨額にのぼっていたが、原子炉メーカーのシーメンスは州政府の運転許可取消しを受けて「見通しのない事業に、これ以上、投資を続けることはできない」として九一年三月、一度も稼動しないまま、同高速増殖炉の建設を放棄した。

こうしてカルカー高速増殖炉は十三年の歳月と六五億マルク（約四八〇〇億円）の工費を投入し

て完成目前にまで漕ぎつけながら、稼働することなく放棄された。

廃炉になったカルカー高速増殖炉の跡地は実業家に買い取られた。稼動していないから、放射能汚染もない。この実業家は原発の各種施設の姿や形を残したまま、遊園地に利用した。冷却塔の内部には高さ五八メートルのメリーゴーランドがつくられ、外壁はロッククライミング場。原子炉建屋はホテル、中央制御室はレストランにリフォームされた。かつて激しい高速増殖炉建設反対運動が繰り返された地が今や年間六〇万人の訪れる人気の遊園地に変貌した（図⑥参照）。

図⑥ 稼動を目前にして放棄されたカルカー高速増殖炉の跡地に建設され、2011年6月9日、オープンした遊園地。原発の冷却塔などが遊園地の施設に改造された。開園日に写す。
（dpa/PANA）

またバーデン・ヴュルテンベルク州はチェルノブイリ原発事故の後、今後三年以内に最初の原発一基の運転を停止し、二〇〇〇年までに残る二基も停止して同州の原子力発電をゼロにする方針を決めた。八八年にはバイエルンで計画されていた再処理工場の建設が緑の党の政治活動とドイツ環境・自然保護連盟（ＢＵＮＤ）などの環境ＮＧＯの原発反対運動が大きく影響して中止された。

ゴアレーベン核燃料再処理工場の建設を棚上げさせることに成功した反原発運動は、チェルノブイリ原発事故によって勢いづき、運動の矛先をヴァッカースドルフ再処理工場建設反対に向けた。事故から九十日後に当たる七月二十六日と二十七日の両日、ヴァッカースドルフ再処理工場建設地では延べ一二万人の大集会とデモが行なわれた。

一九八八年七月から八月にかけてヴァッカースドルフ再処理工場の建設に関する第二回公聴会では、反対運動側からの要望で発言者になった著名な核物理学者、哲学者のカール・フリードリッヒ・フォン・ワイツゼッカー元ハンブルク大学教授（リヒャルト・フォン・ヴィツゼッカー元大統領の兄）が「核ネルギーの可能性については否定しない。しかし、このような再処理工場は無理である」と発言し、使用済み核燃料再処理工場を否定した。カール・ワイツゼッカーの発言は、その後の核廃棄物再処理施設の建設に大きな影響を与えた。

ヴァッカースドルフ再処理の建設予定地はバイエルン州で、隣国、オーストリアとの国境に近い。このためオーストリアの人びとは「再処理工場で事故が発生すれば汚染被害がオーストリアにも及ぶ恐れがある」として建設に反対し、活動家などが公聴会に多数、参加した。再処理工場の建設認可に関する異議申し立ては八八万一〇〇〇人から出されたが、その半分の四四万人分がオーストリアの人びとからのものだった。

当時のバイエルン州の首相はキリスト教社会同盟（ＣＳＵ）の右翼的な大物政治家、フランツ・ヨーゼフ・シュトラウス。シュトラウスは初代連邦原子力相の経歴を持つ。キリスト教社会同盟の州政府は反対派を弾圧しても、建設を進める強い意志を持っていた。

しかし、再処理会社は反対運動が続くと、コスト負担増のため経営難に陥り、「もう、これ以上、建設を続けられない」と考えるようになった。核廃棄物の再処理を英国やフランスの再処理会社に委託すれば、国内の再処理より安い費用で済むという考え方も出てきた。

社会民主党はヴァッカースドルフ再処理工場の建設にも否定的な考えだった。また連立政権与党の自由民主党は一九八六年五月の党大会で、「直ちに原発を廃止することはできない」という方針で合意に達していたが、その後、バイエルン州の同党支部は党中央の方針に反してヴァッカースドルフ再処理施設の建設反対を決めた。

この二つの政党の動向が引き金になり、翌八九年八月、ヴァッカースドルフ再処理工場の建設中止が決まった。これを受けて連邦政府は国内での核燃料再処理を断念した。ドイツでは放射性廃棄物の処理施設はヴァッカースドルフの施設建設の中止以降、造られていない。反原発運動は大きな前進を勝ち取ったことになる。連邦政府は原発の運転に伴って出る使用済核燃料を自国で再処理することができなくなったため、フランス両国と契約を結んで使用済核燃料の再処理を委託する方針に転換した。

ヴァッカースドルフ再処理工場とカルカー高速増殖炉の建設計画中止は西ドイツの原子力エネルギーの推進側にとって「過去三十年で最大の痛手」と言われたほどの大きな打撃となった。

第5章　コール政権の太陽光・風力発電政策

◆再生可能エネルギーの電力買取り法

温暖化防止と原発依存なき電力対策

一九八七年一月二十五日の連邦議会選挙では、原発推進派のキリスト教民主・社会同盟（CDU・CSU）が八三年三月の前回総選挙より得票率を四・三パーセント減らして四四・三パーセント。チェルノブイリ原発事故後、党の選挙綱領に原発の段階的削減策を盛り込んだ社会民主党（SPD）は同一・二パーセント減の三七・〇パーセントだった。

一方、「一年以内に脱原発を」と訴えて選挙戦を戦った緑の党は得票率を八三年選挙の五・六パーセントから八・三パーセントに高め、四二議席を獲得した。結局、キリスト教民主・社会同盟と自由民主党が引き続き連立政権（首相・ヘルムート・コール）を担うことになった。

一九八七年六月二十一日にカナダのトロントで開かれた主要先進国首脳会議（トロント・サミット）は「経済宣言」の中で地球温暖化を酸性雨、森林の減少とともに取り組むべき重要な地球環境問題と位置づけ、国際協力の強化を呼び掛けた(1)。

同年の後半、地球温暖化に関する知見が集まり始め、十一月、地球温暖化防止対策に関する初めての行政レベルの国際的な検討会議がイタリアのベラジオで開かれた。翌八八年春、米国の中部と西部では春から記録的な大干ばつが始まり、これが地球温暖化防止対策の必要性を国際社会に実感させた(2)。

当時、西ドイツでは生産される全エネルギーの八六パーセントを化石燃料に頼っていた。西ドイツは今の日本と同様に、エネルギーを原発と化石燃料に依存する国だったのである。原発は二酸化炭素を出さないが、チェルノブイリ原発事故後、最大野党の社会民主党がニュールンベルクの党大会（一九八六年八月）で稼働中の原発一九基（他に無期限停止中のミュルハイム・ケールリヒ原発が一基）の段階的停止と原発の新規建設を認めない政策を打ち出していた。同党と結党以来、脱原発を党是としている緑の党を合わせれば、連邦議会内では大きな勢力になる。しかも多くの州が原発の建設を許可しない(3)。国民世論も原発を減らしていくよう求めていた。コール政権与党のキリスト教民主同盟がいかに原発を増やそうとしても、それができる状況ではなくなっていた。

このような状況の中、コール政権は一九八七年、「地球規模の環境変動についての科学者委員会（ＷＢＧＵ）」を設置、西ドイツにおける地球温暖化対策の具体的目標の設定を求めた。委員会は地球温暖化対策の最初の目標を、二酸化炭素とメタンの排出量を二〇〇五年までに一九八七年と比較して二五パーセント、二〇五〇年までに八〇パーセント、それぞれ削減する方針を決め、一九九〇年六月の国会で承認を得た。

当時、このような高い削減目標を設定した国は世界で西ドイツだけだったから、意欲的な取り組み姿勢が注目を集めた。この積極姿勢が十年後に実を結ぶことになる。コール政権は次いで将来のエネルギー政策の抜本的な見直しに着手した。その結果、化石燃料にも原発建設にも頼らないエネルギー源として再生可能エネルギーの開発を中心に多様な形態の電力生産を推進する道を選択した。

再生可能エネルギーには水力発電、風力発電、太陽光発電、植物や生ゴミなどをエネルギー源とするバイオマス発電などがある。コール政権は、このうち風力発電と太陽熱発電を再生可能エネルギー普及対策の二本の柱に選んだ。

こうして、コール政権は原発に頼らず、地球温暖化防止対策と再生可能エネルギー拡大政策を一体のものとして捉え、この二つを同時並行的に推進していく政策を決めた。

対策は二酸化炭素排出量削減目標の設定から始まった。設定された目標は「二〇〇五年までに一九八七年に比べて二酸化炭素の排出量を二五パーセント削減する」と設定された。

地球温暖化は主に石炭、石油などの化石燃料の燃焼による二酸化炭素排出量の増加で起こる。二酸化炭素の排出量の増加により、海面上昇や異常気象などさまざまな問題が発生することが科学者によって警告され、温暖化をどのように防ぐかが人びとの関心事となった。

再生可能エネルギーの普及を所管するのは八六年六月五日に設置された連邦環境省（正式名称は環境・自然保護・原子力安全省）と連邦経済省である。両省は協力して再生可能エネルギーの拡大・普及と化石燃料依存を減らす対策に本格的に取り組み始めた。

実は西ドイツでは、第一次石油危機が発生し、石油価格が高騰した一九七三～七四年頃、政府が再生可能エネルギーに関する調査と研究開発に資金を投じ、開発を始めたことがある。一九八〇年代末頃、再生可能エネルギーによる発電の普及を目指す連邦議会の一部議員たちは石油危機時代の経験を活かして風車や太陽電池で発電された電力を公共電力網に乗せて供給する法律の制定に向けて活発に活動したが、大電力会社が法制化に反対し、法制化は実現しなかった。

それから十四年後、ふたたび再生可能エネルギー・ブームが訪れた。コール政権は、このブームを利用して再生可能エネルギー普及対策を法制化し、普及を軌道に乗せようと考えた。

風力・太陽光電力の買取り義務付け法

コール政権は水力、風力、太陽光、バイオマスなどの再生可能エネルギーの中では風力発電が技術的に最も実用性が高いと見た。しかし、風力発電には①発電コストが高い、②風力が弱まれば一定の電力を維持できなくなる――という不安定性がある。どうすれば風力発電の不安定性を解決できるか。この問題の克服を緊急課題と見たコール政権は再生可能エネルギー開発のために設立された研究所に解決策の検討を委託、研究所が技術的な改善策について調査・研究した。

その結果、風車の持つ不安定な発電という問題点は、風車の数を大幅に増やし、出力の増大を図ることによって解決できることがわかった。最大の問題は高い発電コストの克服策である。解決の決め手として考え出されたのが、風力発電や太陽光などの再生可能エネルギーで生産された電力を電力会社に高い価格で買い取らせることによって、発電の採算を取ることだった。

こうして生産された電力を高い価格で買い取らせることを電力会社に義務付ける「再生可能エネ

ルギー発電電力の公共電力網への供給に関する法律案」（略称・電力買取り義務付け法）を連邦議会に提出することが決まった。法案の起草には今、「ドイツの再生可能エネルギー政策の父」と言われている社会民主党の連邦議会議員、ヘルマン・シェーアも加わった。

この電力買取り法の制定には既存の大手電力会社が「電力買取り義務付け法は自然エネルギーだけを保護するもの。高い価格での買取りを義務付ければ、電気代の値上げとなって消費者の負担が増す」などと強い姿勢で反対した。当時、大手電力会社は原発や火力発電所を持ち、送電網を独占的に所有していたから、再生可能エネルギーによって生産された電気を自らの送電網に受け入れようとしなかった。こうした電力会社の姿勢に、再生可能エネルギー普及の必要性をかねてから認識していた連邦議会議員たちが立ち上がった。

一九九〇年十二月七日、連邦議会は「電力買取り義務付け法案」を満場一致で可決し、翌九一年一月、同法が施行された。国家レベルでの再生可能エネルギー買取り制度の導入はドイツが初めてである。

電力会社が負った買取り義務については同法の第2条で「電気事業者は、その供給領域内で再生可能エネルギーから生産された電力を補償された価格で買い取る義務を有する」と規定している。

そして第三条で、風力、太陽光エネルギーからの電力は最終消費者に対するキロワット当たりの平均販売価格の少なくとも九〇パーセント、水力、バイオマス、農林業産物、生物の排泄物、廃棄物から発電される電力は少なくとも七五パーセントを支払うことを電力会社に義務付けている。

この電力買取り義務付け法は一九九四年に見直され、水力、廃棄物ガス、バイオマスなどによるエネルギーの買取り価格が七五パーセントから八〇パーセントに引き上げられた。風力発電の電気の価格は一キロワット時当たり一三円。当時、火力発電で一キロワット時当たりの発電に約五円の燃料費がかかったから、風力発電で生産された電力の買取り価格はその三倍に当たる。

急ピッチで普及した風力発電事業

風力発電や太陽光発電などで発電した電力が一定価格以上で買い取ることが義務付けられると、土地を持つ農家は競って風車を建てた。風力発電は土地さえあれば、融資制度を利用して低利融資で風車を購入できるうえに、生産した電力を高い固定価格で買い取ってもらえる。融資を受けた金を払い終えれば、その後は儲けとなることが広く知られるようになったからである。

法律施行の直後から風力発電や太陽光発電などに投資する人が急増した。再生可能エネルギーが確実な利益の得られる投資対象と見られるようになったためである。

風車が全国各地で急速にその数を増やしていくと、量産コストの効果が現れ、風車の建設コストが十年間に三分の一近くに下がった。初期の風力発電のほとんどは風が強く、風力発電に適したバルト海や北海に面した地域で開発された（図①参照）。

買取り義務付け法は風車設置の電力会社に買取りを義務付けていたため、風力発電の適地にある電力会社に負担が集中し、その経営を圧迫した。この問題を解決するため、一九九八年、再生可能エネルギーによって生産された電力の買取り価格に上限を設けられた。その後、買取りの費用負担が電気料金に上乗せされ、国民が負担する方式に変わった。再生可能エネルギーの急速な普及によって二〇〇〇年代に入ると、電気料金の上昇という問題が起こる（一九九～二〇三ページ参照）。

電力買取り義務付け法の制定に続いて、風力、太陽光、バイオマス、地熱、小水力、コージェネレーションなどに対する補助・融資制度である「再生可能エネルギー市場促進計画」と、「二五〇メートル・ウインドー」制度が設けられた。「二五〇メートル・ウインドー」制度は発電コストの引下げと、一定電力を維持するための技術開発に力を入れるなどの創意・工夫に富んだ制度である。コール政権は、この制度に基づき、五年間で二五万キロワットの風力発電を進める計画を策定した。

風力発電産業全体の売上げは急伸を続け、風力発電は一九九〇年代、ＩＣ（半導体）と並ぶ成長産業とも言われた。発電機のコストは大量生産によって十年間に三分の一近くに下がった。ドイツは買取り義務付け法の制定によって確実に風力発電大国への道を歩み始め、一九九六年にはドイツの風力発電の設備容量は米国を抜いて世界一になった。しかし、二〇〇八年に米国、翌〇九年に中国に追い越されて二〇一三年四月の時点では世界第三位となっている。

コール政権は閉鎖的な企業体質と価

図①　2008年以降、急ピッチで伸びているドイツの洋上風力発電。洋上風力発電は2020年には再生可能エネルギーの4分の1、陸上風力発電を合わせると、半分になる見通し。（ドイツ環境自然保護連盟提供）

格の高さが競争力低下を招いていると見て一九九四年、抜本的な規制緩和と競争力強化を電力業界に求める改革法案を連邦議会に提出した。しかし、地方自治体や電力業界の反対圧力で、法案は否決された。

「一〇万の屋根・太陽光発電プログラム」

コール政権は、この電力買取り法と合わせて住宅の屋根に太陽光発電設備の取付けを普及させるため一九九一年、助成金支出・融資制度「一〇万軒の屋根・太陽光発電プログラム」（低利融資制度。設置期限は二〇〇三年六月）を連邦議会に提案し、過半数の賛成票を獲得して設立した。この制度を提案したのも、ヘルマン・シェーア議員である。

この制度では太陽電池を自宅に設置する場合、政府と州から太陽熱発電装置の設置費用総額の平均七〇パーセント（旧東ドイツ地域は政府六〇パーセント、州一〇パーセント、旧西ドイツ地域は政府五〇パーセント、州二〇パーセント）の補助が受けられる。この普及対策は後に述べる「二五〇メートル・ウインドー」と合わせて、推進された。シェーアが連邦政府に行なった提案はグリーンピース・ドイツが同議員に提案したものを一歩、進めたものだった。

一九九四年に太陽光パネルを屋根に取り付けた場合、費用は日本円にして約二〇〇万円だが、発電による収入が一年で二〇万円あり、太陽電池の寿命とされている二十五年間に十分、元が取れる計算である。国と州からの補助金制度の他に、太陽光発電システムの設置コストを引き下げる努力も続けられた結果、太陽光発電システムの設置総コストは大幅に下がった。このため太陽光発電システムは一九九二年以降、年に四九パーセント近い成長率（平均）で普及した（図②参照）。

全国の太陽光発電の参加者は一九九九年に一〇万件に達し、二〇〇四年初めには太陽光発電の容量が約四四万キロワットに増えた。太陽光発電の設置数を地図に落とすと、設置数が最も多いのはミュンヘンを州都に持つバイエルン州。ここは世界的に見ても太陽光発電の普及が最も進んでいる地域である（図③参照）。これとは対照的に、旧東ドイツ地域は人びとの環境への意識が低かったことが影響して太陽光発電設備の設置数が非常に少ない。

図② 再生可能エネルギーを電力会社に高値で買い取ることを義務付けた制度により、目覚ましい普及ぶりを見せた太陽光発電。ドイツは太陽光発電の設備容量で世界一の地歩を築いた。（ドイツ環境・自然保護連盟提供）

「黒い森」の名で知られる南ドイツのバーデン・ヴュルテンベルク州（州都はフライブルグ市）は太陽光発電装置設置費用の三五パーセントを助成し、電力消費のピーク時には太陽熱発電で生産された電力料金の買取り価格を約二・五倍、一九九三年六月以降の二年間は約一三倍という高い価格に設定し、生産の増加を誘導した。

ドイツ環境・自然保護連盟（ＢＵＮＤ）は原発反対運動と並行して環境への負荷の少ない太陽光発電や風力発電などの代替エネルギーを普及させるための活動も積極的に推進した。太陽光発電については、地域ごとに自治体、地元工務店、市民のネットワークをつくり、市民の連帯を図った。(4)

図③　20年間、固定価格で買い取られる制度を利用、どの住宅の屋根にも太陽光発電のパネルが取り付けられているバイエルン州の村。（ドイツ環境・自然保護連盟提供）

太陽光発電の原理は一九五〇年代から知られている。その原理は太陽光に含まれているエネルギーの粒子が太陽光発電装置のシリコンに衝突すると、原子がはじき出され、生じた電気が金属の細いワイヤー（針金）に集まる。この電気の流れ、すなわち電流は、あらゆる電気製品に供給することができる。

　太陽電池は陽の当たる昼間しか発電することができない。昼間、発電した電気を電力会社に売り、夜は逆に電力会社から電気を買うようにすれば無駄が生じない。太陽電池から電線に電気を流す装置（インバーター）を取り付ければ、太陽電池で生産した電気を電力会社に売ることができる。この方法で、生産した電気を電力会社に売ることが盛んに行なわれるようになった。

◆電力の自由化と市民運動

電力自由化の進展

一九九六年、ＥＵ加盟国が二〇〇三年までに加盟国の電力を自由化することで合意した。一年以上の議論の末、一九九八年年四月、電力の全面自由化を定めたエネルギー事業法が成立した。EUはエネルギー事業法によって域内の再生可能エネルギーによる電力供給を二〇一〇年までに一二パーセントにするという目標を設定した。ドイツに課された電力供給の数値目標は一二・五パーセントである。

電力の自由化とは、既成の巨大電力会社による電力事業の地域ごとの独占が廃止され、消費者は初めて巨大企業から零細企業まで数ある電力会社（外国の電力会社を含む）の中から、「電力料金が安い」「自然エネルギーを生産している」など自分の好きな電力事業者を選べる方式のことである。

ドイツも、かつては日本と同様に大きな電力会社が独占的に電力事業を実施、このため消費者は北欧諸国の二倍、英国の三〇パーセントも高い電力料金を払ってきた。そのドイツが一九九八年四月、消費者が自分の好きな電力会社を選んで電力を買うことができる方式の徹底した電力の自由化に踏み切った。

ドイツが徹底した方式で電力を自由化した背景には電力会社が今後、それぞれ近接する諸外国の電力会社と競争をしていかなければならないという特有の事情がある。二〇〇〇年には電力を売買する取引所も開設され、企業や自治体などの大口の顧客は好きな電力会社から電力を買えるようになった。ただ巨大な設備の必要な送配電だけは従来どおり、既存の巨大電力会社が担当した。

これによって、電力会社は他社の電力供給にも送電網を共有することを義務付けられ、事業者も個人も自ら電力供給会社を選べるようになった。電力会社間の競争は電力の自由化によって激化し、各社ともコスト削減や提携強化に取り組むようになった。企業の合併や買収も進み、大手企業の数は八社から四社へ半減、電力市場の寡占化が進んだ。電力自由化の結果、電気料金は一時的に二割程度低下した。

連邦政府は電力を自由化する際、再生可能エネルギーや電気と熱を同時に生産するコージェネレーション・システムを保護する政策を実施した。電力の自由化は再生可能エネルギーを育成する格好の基盤となり、自由化後、再生可能エネルギーを販売する事業者・企業が数多く誕生した。シュレーダー政権が二〇〇二年に再生可能エネルギー拡大政策を連邦経済・技術省（エネルギー政策全般を所管）から連邦環境・自然保護・原子炉安全省（略称・環境省）に移管した機構改革も、再生可能エネルギーの普及を促進した。

電力の自由化は高い電力料金を維持してきた既存の大手電力会社に料金を値下げせざるを得ない状況をつくった。電力が自由化されると、大手電力事業者は中小・零細の再生可能エネルギー事業者にお客を取られないように、料金値下げ競争を始めたのである。最大手の電力会社は電力の価格を約二〇パーセント引き下げ、他の大手電力会社も二〇〜三〇パーセント値下げした。電力事業独占時代にはまったくなかった、この激しい値下げ競争によって消費者が大きなメリットを受けたのは言うまでもない。

一方、電力業界各社は電力料金の大幅な値下げによって競争力の強化を迫られ、事業規模の拡大を目指す動きが活発化した。その結果、ドイツの南部と北部の電力会社が合併して国内最大の電力会社が誕生した。その直後、今度は国内最大手の電力会社が別の大手の電力会社を買収するなど、電力業界では生き残りをかけた企業の再編が続いた。

発電部門と送電部門の不十分な分離や事業者間の送電網接続料問題、石油価格の高騰、一九九九年の環境税導入による電力への課税など多くの問題が重なったこともあり、二〇〇〇年以降、電力料金が上昇に転じた。

一九九七年、欧州連合（ＥＵ）は、より安い価格で電力を買い求める傾向が国境を越えて強まることを見込んで、「二〇〇三年末までに電気使用量全体の三分の一を自由化する」という目標を掲げ、加盟一五カ国（当時）に対し、電力市場を自由化するよう指令を出した。

翌九八年、ドイツはＥＵの電力自由化指令に従って電力市場の完全自由化を実現し、顧客が自分で電力供給会社を選べるようになった。ドイツの人びとはチェルノブイリ原子力発電所の事故（一九八六年四月）による放射能汚染被害の体験もあって、事故の危険性や廃棄物処理の困難な原子力発電に基づく電力は購入したくないという気持ちが強い。

消費者が自由に電力会社を選べるようになると、原発以外から生産される電力の購入、すなわち風力・太陽光による電力生産に奮闘している零細な発電事業者の育成に協力する人が増えた[5]。その結果、再生可能エネルギーの零細発電事業者（個人を含む）が多くの消費者に選ばれて徐々に収益を増やし、力をつけていった。

寄金で電力網を買い取った「シェーナウ電力」

一九八六年四月二十六日のチェルノブイリ原発事故後、放射性物質が風に運ばれてシュヴァルツヴァルト（黒い森）にも到達した。五人の子どもの母親、ウルスラ・スラデクなど子どもの将来の健康を心配する親たちが市民グループ、「原発のない未来のための親の会」を設立、原発反対運動を始めた。

「親の会」はシェーナウ市に電力を供給していた電力会社、ＫＷＲの電気料金のシステムを問題にした。同社の料金は基本料金が高く、使えば使うほど電力価格は割安になり、節電すればするほど割高になる方式。同会は一九九〇年代前半、ＫＷＲに対し、「今の電気料金設定方式を、使用料に応じて電気料金を計算する比例料金体系に改めてほしい」と要求した。

そして脱原発のための再生可能エネルギー、コージェネレーションの導入、コージェネレーション発電の買取り価格の引上げを求めた。

これに対し、ＫＷＲはシェーナウの市民が進めていた再生可能エネルギーとコージェネレーションの促進活動を妨害し、さらに市が早期に二十年の更新契約をするなら、さらに一〇万マルク（約六四三万五〇〇〇円）を市に支払うことを申し出た。「親の会」は「市が契約を更新しなければ、この申し出と同額（年間二万五〇〇〇マルク）を市に支払う」と提案した。

しかし、シェーナウ市はＫＷＲとの契約更新を決定した。一九九一年十月、市議会の決定の是非を問う投票が行われ、契約反対が五六パーセントを占め、市民グループ側が勝った。勢いづいた市民グループ「親の会」は一九九四年、ウルスラ・スラデクを中心に電力供給会社「シェーナウ電力（ＥＷＳ）」を設立した。翌九五年十一月二十日、シェーナウ市議会が同社の電力供給事業を認可した。

九七年、シェーナウ電力が電力網を買い取って電力生産を拡大すると、ＫＷＲはシェーナウ電力に対し、六五〇万マルク（四億七六三二万円）の価値しかない送電網に八七〇万マルク（六億二八四九万円）という高値を要求した。シェーナウ電力は送電網を買い取ってから訴えることにし、買取りのための大々的な募金活動をドイツ全国で始めた。

この金額はドイツ環境・自然保護連盟（ＢＵＮＤ）やドイツ自然保護連盟（ＮＡＢＵ）、グリーンピースなどさまざまな環境保護団体や有志の市民の寄金、シェーナウ・エネルギー基金を通して、すぐに集まった。結局、シェーナウ電力は五七〇万マルク（約四億一一七七万円）をＫＷＲに支払って送電網を買い取った[6]。

一九九七年に欧州連合（ＥＵ）が加盟一五カ国に出した電力市場自由化の指令と、これを受けてドイツが実施した国内の電力の自由化により、ビジネスチャンスを求めて積極的に電力事業に乗り出す民間企業が増え、これによるエネルギーシフトが進んだ。

設立当初一七〇〇世帯だったシェーナウ電力の顧客数は二〇一〇年十二月には一〇万世帯を超え、年間売上高は三八〇〇万ユーロ（約四九億四〇〇〇万円）に達した。シェーナウ電力はドイツにおける再生可能エネルギーの四大電力会社の一つにまで急成長した。

市民グループが設立した零細企業のシェーナウ電力がドイツの四大電力会社に急成長した背景には、再生可能エネルギー拡大のために頑張っている小さな電力会社を応援しようという一般消費者の気持ちがあった。それは事故の危険性を抱えているうえに、処分の困難な放射性廃棄物を出し続ける原発のない社会の実現を希求する願望に他ならない。ドイツの多くの人びとが持っている脱原発願望は、環境教育によって培われた、高い環境保全意識と深く関わっている。

このように見てくると、ドイツでは国民一人ひとりの持っている脱原発願望が再生可能エネルギーによる電力生産を拡大させる原動力となっていることがわかる。このような再生可能エネルギーによる電力生産の拡大こそが、ドイツの脱原発を可能にしたのである。

シェーナウの普通の母親たちは子どもの将来の健康を願う一心から結束して巨大電力会社と戦い、自ら再生可能エネルギーの発電会社を立ち上げた。一方、脱原発願望の広範な消費者は母親たちの電力会社を応援したいという気持ちから、この電力会社の電力を購入したところ、零細企業が短い年月で大電力会社に急成長した。二〇一一年四月十一日、シェーナウに市民による電力供給会社を設立した中心人物であり、他の経営者とともに地域分散型電力供給の市民活動に大きな貢献をしたとして、ウルスラ・スラデクが二〇一一年四月十一日、世界の最重要環境賞の一つである「ゴールドマン環境賞」を受賞した。

シェーナウの母親たちと一般消費者は脱原発志向の一点で連携し、見事に目的を果たした。脱原発を目指すドイツの挑戦の第一線では、このようなドラマティックなサクセス・ストーリーが各地で展開されていたのである。

衰退に向かうドイツの原発

電力の自由化は高い電力料金を維持してきた既存の大手電力会社に料金を値下げせざるを得ない状況をつくった。電力が自由化されると、大手電力事業者は中小・零細の再生可能エネルギー事業者に顧客を取られないように、料金値下げ競争を始めたのである。最大手の電力会社は電力の価格を約二〇パーセント引き下げ、他の大手電力会社も二〇〜三〇パーセント値下げした。電力事業独占時代にはまったくなかった、この激しい値下げ競争によって消費者が大きなメリットを受けたのは言うまでもない。

一方、電力業界各社は電力料金の大幅な値下げによって競争力の強化を迫られ、事業規模の拡大を目指す動きが活発化した。その結果、ドイツの南部と北部の電力会社が合併して国内最大の電力会社が誕生した。その直後、今度は国内最大手の電力会社が別の大手の電力会社を買収するなど、電力業界では生き残りをかけた企業の再編が続いた。

一九九〇年十月一日、東西ドイツの統一が実現すると、連邦政府はチェルノブイリ原発事故以来、安全が危ぶまれていた東ドイツの原発の扱いについて直ちに検討した。その結果、この時、東ドイツで運転中だった旧ソ連製軽水炉六基はすべて運転が止められ、翌九一年九月、廃止が決定された。

一九九四年七月、ドイツはチェルノブイリ原発事故の経験を踏まえて「原子力法」を改正し、新たに次のような要旨の条項を追加した。

「実際上、起こり得ないような事象が仮に発生した場合にも、電離放射線が施設の敷地外に有害な作用を及ぼすのを防ぐために、徹底的な措置を取る必要がないように、施設の状態が整えられていなければ、新規の原発の許可がなされない」

この条項の新設によって、原発の新規の建設は事実上、困難になった。各電力会社は原発建設の条件が厳しくなれば、建設に要する費用が嵩むようになる。このため電力会社は新たに原発をつくりたくないと考える傾向が強まった。いわゆる原発離れである。

一方、ドイツの国民の大半がチェルノブイリ原発事故の後、原発の新規建設を認めず、原発の代替エネルギー源として、再生可能エネルギーを増やしていくことを求めている。この脱原発機運は電力の自由化と再生可能エネルギーブームによって急速に広がった。

一九九七年十一月下旬〜十二月初旬、第三回気候変動枠組条約締約国会議（ＣＯＰ３）が京都で開かれ、ＥＵ諸国には温室効果ガスを一九九〇年比で二〇一二年までに八パーセント削減する目標が課された。これを受けてコール首相は一九九〇年代初めからドイツが再生可能エネルギー開発の実績が上がっていることを踏まえて、「ドイツは二五パーセント削減する」という野心的な公約をした。ドイツの原発は、こうした状況によって急速に衰退に向かった。

第6章　社会民主党と緑の党の連立政権樹立

◆連邦レベルの連立へ向けた胎動

フィッシャーがヘッセン州で連立経験

緑の党のヨシュカ・フィッシャーは一九八三年三月の連邦議会選挙で地元ヘッセン州から立候補して当選し、同党議員団執行部の一員となった。フィッシャーは「緑の党」が将来、社会民主党と連邦レベルで連立政権を樹立する構想をあたため、同じ考えを持つ同党の議員とネットワークをつくった。

フィッシャーはまず緑の党ヘッセン州支部内で多数派を形成、そのうえで八三年十月の党大会でフィッシャーの盟友で、社会民主党との連立に積極的な同党州支部内のグループ「レアロス」に社会民主党議員団との持続的協力を目指すことを提案させた。提案が八割の賛成を得て可決され、「レアロス」が新たに州支部を掌握した。

八五年三月、フィッシャーは連邦議会議員の任期の半分で後任と交代する「緑の党」のローテーション制に従い、不本意ではあったが、連邦議会議員を辞職した。フィッシャーの努力は実を結ばず、この頃、ヘッセン州では社会民主党と緑の党の閣外協力さえ暗礁に乗り上げていた。しかし、ヘッセン州政府首相は連立政権樹立のために尽力するフィッシャーを評価して同年十二月、彼を州環境・エネルギー相に任命した。(1)

六月三十日、ヘッセン州社会民主党大会がフリードベルクで開かれ、同党は不調に陥っていた緑の党との協力関係を再構築することを確認した。緑の党州支部も社会民主党との連立政権樹立を決定し、これが基になって十二月、州レベルでは西ドイツ最初の両党連立政権が成立した。

八六年四月二十六日、チェルノブイリ原発事故が発生すると、フィッシャーは、この連立政権の環境・エネルギー相に就任した。フィッシャーは放射能から人びとの健康を守るための緊急措置を次々に取った（一一四ページ参照）。

五月中旬、脱原発志向のフィッシャーは「電力供給における核エネルギーの即時断念の可能性に関する報告」を策定、ヘッセン州環境省案として発表した。

A４判で四八ページの、この報告書の要旨は次のようなものだった。

①現在、稼動中の一九基の原発（合計出力・一万六二〇〇メガワット）を半年後に停止させても、石炭発電所や石油発電所をフル稼働させれば、電力供給に不足が生じることはない。

②ただ全原発を停止すれば、排出ガスによる大気汚染は一時的に避けられない。また電気料金が一キロワット当たり二・二ペニヒ（約一円五〇銭）高くなる。

緑の党はハノーファーで全国大会を開き、「いかなる理由があろうと、全原発の即時停止に同調しない一切の政治を断固、拒否する」という強い調子の決議を採択した。そして原発の操業停止と新規原発の建設反対を政策に掲げ、原子力エネルギーからの脱却時期については「できるだけ早期」と主張した。チェルノブイリ原発事故は反原発を党是とする緑の党にとって追い風となり、同党は支持基盤を拡大した。

しかし、ヘッセン州の社会民主党は同州ハーナウにある核燃料（プルトニウム）工場の拡張を計画し、ウルリッヒ・シュテーガー経済相が新工場の仮操業を許可する方針を表明した。かねてこの核燃料工場の閉鎖を求めてきた緑の党ヘッセン州支部は、この拡張計画を受け入れることはできない。ましてチェルノブイリ原発事故発生後の原子力事業に反対する世論の非常な高まりの中、賛成する選択肢など到底、あり得なかった。フィッシャー環境・エネルギー相を始めとする緑の党は拡張に強く反対した。

一九八七年一月八日、連邦政府のヴァルマン連邦環境・自然保護・原子炉安全相がヘッセン州政府に対し核燃料工場の操業を許可するよう求める書簡を送り、ヘッセン州のシュテーガー経済相がヴァルマンからの書簡を公開した。[2] 二月初め、病気による休職から復職した同州のベルナー首相は核燃料工場の操業許可を決定した。

八日、緑の党は党大会を開き、社会民主党が連立協定の基本に戻らない限り、両党の連立は維持できないとの決議を行なった。これを受けてベルナーが翌九日、フィッシャーを解任し、連立政権は崩壊した。[3]

フィッシャーはふたたび連立政権を樹立する考えを固め、州党大会で社会民主党との連立政権樹立に批判的な原理派全員を党の比例代表候補者名簿から削除した。四月五日の州議会選挙の結果、緑の党はわずかに得票率を伸ばし、州議会緑の党内では現実派の主導権が不動のものになり、社会民主党とふたたび連立政権を組む可能性が強まった。しかし、社会民主党が大幅に得票率を減らしたため、連立政権樹立構想は先延ばしされた。

一九八七年一月二十五日の連邦議会選挙で、緑の党は八三年の前回選挙の二七議席よりも一五議席も多い四二議席を獲得した。党勢が増すと、党内部で変化が起こった。ヘッセン州で社会民主党との連立政権を樹立（一九八五年十月）し、環境・エネルギー相としても活躍したフィッシャーを中心とする現実派の台頭が注目されるようになったのである。

現実派の優勢を決定的にしたのが、八八年十二月のカールスルーエ党大会である。この大会では、それまで優勢だった原理派が数を減らし、原理派を中心に形成されていた党執行部が退き、代わって現実派が優勢に転じた。現実派主流の緑の党は経済政策などでも従来よりも現実的な路線を取るようになった。

一九九一年一月のヘッセン州議会選挙では社会民主党が得票率を増やしたために二度目の連立政権が成立した。フィッシャーは州副首相の他に州環境相、連邦参議院・欧州関係相を兼務した。(4)フィッシャーは緑の党と社会民主党と連立政権づくりにかけては緑の党内最大の経験者であり、功労者として、党内で貴重な人材と見られるようになった。

フィッシャーは一九九四年の連邦議会選挙で立候補して当選、国政に転身した。一九九一年に始まったヘッセン州の第二次連立政権は任期を全うし、一九九五年二月十九日の州議会選挙を迎えた。この選挙でも、緑の党が前回より得票を上積みし、得票を後退させた社会民主党と第三次連立政権を発足させた。

ドイツ統一直後の連邦議会選挙

一九八九年三月、ハンガリーの改革推進派の首相、ネーメト・ミクローシュ（当時・五十五歳）がゴルバチョフ・ソ連共産党書記長をモスクワに訪ね、オーストリアとの国境に張り巡らされている鉄条網を撤去する決意を伝えた。これに対しゴルバチョフは「ソ連が計画を妨げるようなことはない」と明言した。

これを受けてネーメトは国境開放を決断、五月二十五日、ホルン外相とともに西ドイツを訪れてヘルムート・コール首相、ハンス・ゲンシャー外相にオーストリア国境の鉄条網撤去計画を打ち明けた。コールは「あなたの決断をドイツ国民は決して忘れない」と心からの謝意を表明、この恩に報いようと、即時、五億ドルの緊急融資を行なった。

八月十九日、ハンガリー政府がオーストリアとの国境に張り巡らされている鉄条網の一カ所を撤去、近くに待機していた東ドイツの人びと数千人のうち、約一〇〇〇人が西側へ脱出した。九月十一日以降、国境開放が本格化し、西側へ脱出した東ドイツ市民は十一月末までに二二万九〇〇〇人にのぼった。

ハンガリーからの大量脱出が続いていた最中の十月九日、ライプツィヒで東ドイツの改革を求める七万人のデモ隊の行進が行なわれた。ホーネッカー国家評議会議長は武力鎮圧を命じたが、ライプツィヒの社会主義統一党は、これに従わず、デモ隊との対話の後、待機していた軍隊と警察を撤退させ、デモ隊も静かに解散した。衰えていたホーネッカーの指導力は完全に失われ、十八日、政治局はその辞任を決めた。

大量の国外脱出と反体制運動の高揚、国家評議会議長の辞任。存亡の危機に立たされた東ドイツに追い討ちをかけるかのように、十一月四日、言論・旅行の自由を求める集会が東ベルリンの広場に一〇〇万人以上を集めて開かれた。九日、分断国家の象徴だった「ベルリンの壁」が崩壊した。コールは東西ドイツの早期統一を推進した。その結果、翌九〇年十月、ドイツの人びとが悲願としてきた東西ドイツの統一が実現、新たなドイツ連邦共和国が成立した。

緑の党が綱領に「社会民主党との連立」

一九九〇年十二月、東西ドイツを合わせた連邦議会選挙が実施された。この選挙で、緑の党は東西ドイツの統一に批判的な姿勢を取り、統一を歓喜する国民から違和感を持たれた。そのうえ、当時、緑の党は党内対立が表面化して多くの支持者を失い、その得票率は前回の八・三パーセントから四・八パーセントに激減した。五パーセントを割れば当選者ゼロとする選挙規則（五パーセント条項）によって、旧西ドイツ地域の緑の党は一議席も獲得できなかった。(5)

連邦議会選挙で惨敗し、党始まって以来、最大の危機に直面した。この選挙では、五パーセント条項が東西別々に適用されたため、旧東ドイツ地域の緑の党は八議席を獲得した。旧西ドイツの緑の党は旧東ドイツ地域の緑の党および市民運動の連合組織である「九〇年連合」との合併を実現して体制を立て直す方針を決め、選挙の翌日、まず東部地域の緑の党と、九三年五月、「九〇年連合」とそれぞれ合併した。

その結果、政党名を「九〇年連合・緑の党」と決め、組織を再編した。「九〇年連合・緑の党」(以下、緑の党と略称する)は旧東ドイツ地域の緑の党が獲得した八議席でスタートした。この合併は事実上、西の緑の党による東の緑の党と市民運動の吸収合併であった[6]。

惨敗した旧西ドイツ・緑の党をどう再建して発展をもたらすことができるか。フィッシャーは自らのヘッセン州における連立政権樹立の経験と実績を基に、緑の党執行部に対して連邦レベルで社会民主党との連立政権樹立につながる現実的な政策の実施を提唱、働きかけを続けた。

その結果、緑の党は一九九四年の連邦議会選挙に向けた同党の綱領に社会民主党との連立政権の樹立を目標に掲げ、「重要な改革を実施するために、社会民主党との連立政権に参加する準備ができている」と書き込んだ。

一九九八年選挙の結果が注目の的

緑の党は九四年連邦議会選挙向け綱領を基に、ふたたび支持拡大を目指して地道な努力を続けた[7]。そして一九九四年の連邦議会選挙では七・三パーセントの得票率を獲得、四九議席を得た。この時点の同党の党員数は結党時の約一万人から四万人に増えた。

各地の州議会選挙における緑の党の得票率は九五年のブレーメン市議会選挙で一三・一パーセント、ヘッセン州議会選挙で一一・二パーセント、ノルトライン・ヴェストファーレン州議会選挙で一〇・〇パーセント、九七年のハンブルク州議会選挙旧西ドイツ地域で一三・九パーセントと順調な伸びを見せた。

一九九八年三月、緑の党はマグデブルクで党大会を開き、環境税を導入してガソリン税を十年間に時価の三倍に当たる五マルク（三四七円）に引き上げる公約を盛り込んだ連邦議会選挙の綱領を可決した。ところが、この政策は車愛好者たちの猛反発を買い、三月二十二日のシュレスヴィッヒ・ホルシュタイン州議会選挙では得票率が前回より三・五パーセントも低下した。その後の世論調査の結果も、支持率は半分近く減った。衝撃を受けた緑の党は不人気のガソリン価格を値上げする政策を急きょ取りやめた。

緑の党は、この問題を機に現実路線を強めた。九八年末には党員数も五万人になり、連邦レベルでの社会民主党との連立政権樹立を目指して、州レベルでの連立政権を増やす努力を続けた。言わば条件整備である。その結果、州政府レベルの連立政権は一九九八年十月の段階で、一六州中、ヘッセン、ハンブルク、ノルトライン・ヴェストファーレン、シュレスヴィッヒ・ホルシュタインの四州となった。

一方、社会民主党は一九九八年九月の連邦議会選挙での勝利を早くから目指し、首相候補にはニーダーザクセン州のゲルハルト・シュレーダーを有力視していた。当のシュレーダーは同年一月のニーダーザクセン州議会選挙で、「社会民主党得票率の減少幅を前回比二パーセント以内に抑えることができなければ、連邦首相ポストへの立候補を諦める」と宣言した。自らの政治家としての将来を賭けてまで、当面する政治課題の解決にベストを尽くそうとする真摯な意気込みである。

シュレーダーは経済政策のエキスパートとしての評価が高く、彼の政策によって経済が上向くという期待感が有権者にあった。このため社会民主党は当初からキリスト教民主・社会同盟より優位に立ち、選挙の結果、その得票率は前回より三・六パーセント増の四七・九パーセントを獲得し、シュレーダーは自らに課していた目標を達成した。四月十七日の党大会ではシュレーダーが連邦首相候補に指名された。

◆実現した社会民主党と緑の党の連立政権

社会民主党二九八議席、緑の党四七議席

一九九八年九月二十七日に実施された連邦議会選挙の結果、社会民主党はキリスト教民主・社会同盟（CDU・CSU）を五三議席上回る二九八議席を獲得して第一党、緑の党は四七議席（得票率六・七パーセント）を獲得、第三党になった。

社会民主党の得票率が伸びたのは、人びとが長期にわたったコール政権に飽きたことや景気の低迷でコール政権の支持率が低下したこと、英国労働党の勝利以来続いた、欧州社民主義政党の復調などの影響と見られる。

翌十月、緑の党は初めて社会民主党との連立政権（通称・赤緑連合）に加わった。ヨシュカ・フィッシャーを中心とする緑の党の八年余にわたる連立実現への努力が遂に実ったのである（図②

図① ドイツ緑の党の連邦議会議席数

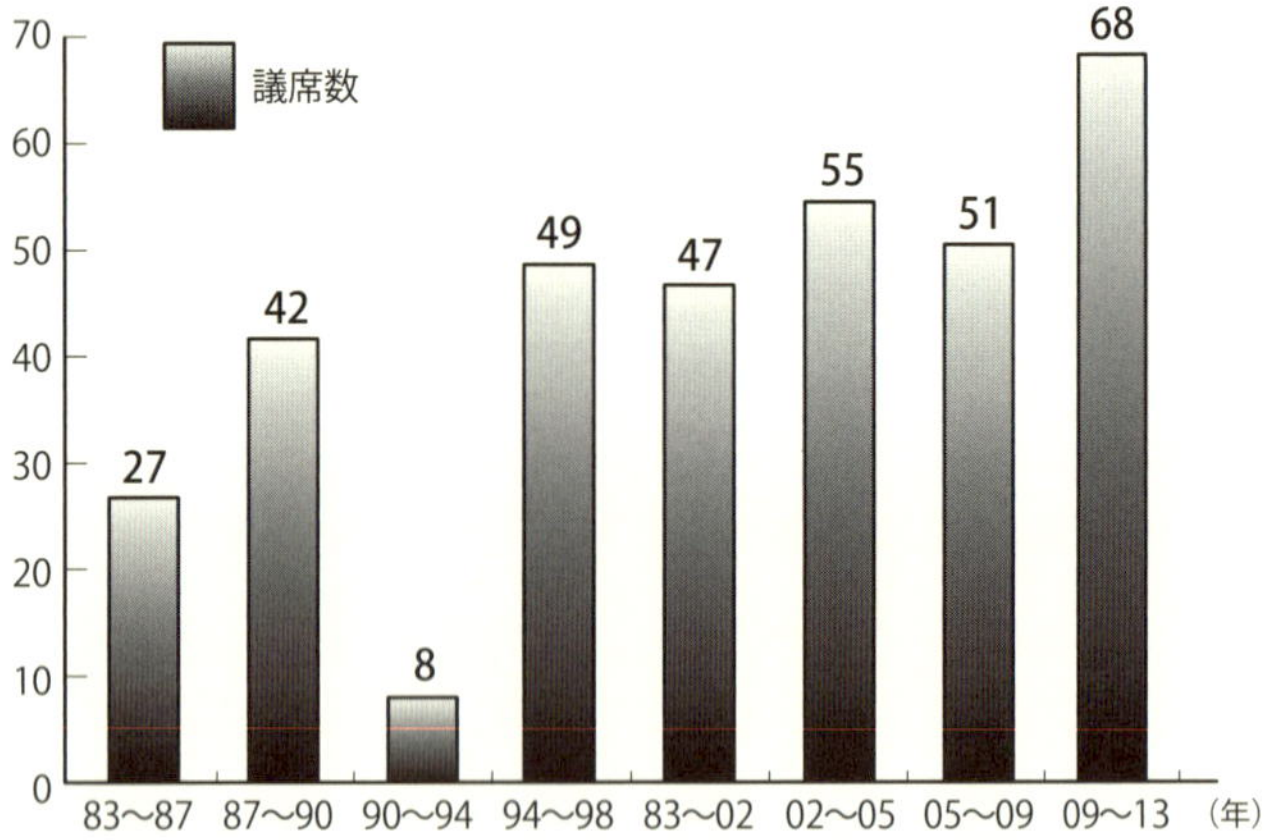

参照）。社会民主党のゲルハルト・シュレーダーが首相、フィッシャーが副首相兼外相、ユルゲン・トリッティンが環境相、アンドレア・フィッシャー（後に狂牛病問題で辞任）が保健相にそれぞれ就任した。緑の党支持者の七九パーセントが社会民主党との連立政権を支持した。

政策協定に掲げられた原発の段階的廃止

核兵器と原発への反対は緑の党結党以来の基本政策の一つである。社会民主党と緑の党の政策協定交渉では原発廃止が最大の課題となった。緑の党は原発による電力が国内総発電量の約三割を占めるまで伸びていることを理由に、「二〇〇四年までの原発廃止」を主張した。この主張は電力業界の強い反発を呼び、政府与党の社会民主党も反対した。連立政権の政策協定づくりは難航の末、緑の党が妥協、原発の段階的廃止が盛り込まれた。

このほかガソリン税の税率引上げを中心とする環

境税の導入など主要な環境政策についても、社会民主党と緑の党が合意し、両党が十月二十日、「出発と革新――二十一世紀に向けたドイツの道」と題する連立政権政策協定書と閣僚名簿に調印した。政策協定に盛り込まれた環境税制はグリーンピース・ドイツがベルリン・ドイツ経済研究所に調査を委託し、「環境税導入は一般的な経済的効果の観点からプラスになる」との結果を得たことを基

図②　社会民主党と緑の党の第２次連立政権の政策協定書に署名、握手するシュレーダー首相とフィッシャー外相。2002年10月16日、写す。（ＡＦＰ＝時事）

に一九九四年に導入された。ドイツでは、このように環境NGOが政府や政党に環境政策を提言し、それが採用されたり、参考にされたりすることがままある。前述の「一〇万の屋根・太陽光発電プログラム」も先に述べたとおり、グリーンピース・ドイツがヘルマン・シェーア連邦議会議員（社会民主党）に提案し、これが連邦政府に採用された。

シュレーダー政権は原子力行政の改革に着手、十一月、原発の安全性監視などの重要な役割を担っている連邦環境省の原子炉安全局の局長に、ヘッセン州原子力安全部勤務時代、環境汚染を起こしたプルトニウム燃料（MOX）工場を法律の運用によって停止させた人

物を任命した。

翌十二月、政権は原発推進派で固められていた環境相の諮問機関、「原子炉安全委員会」（日本の原子力規制委員会に当たる）を解散、核燃料サイクル批判派二人を含むさまざまな立場のメンバーからなる新しい委員会を発足させた。

シュレーダーは「原発からの段階的、長期的撤退」を主張する社会民主党と「原発の早期全廃」を党是とする緑の党との間で難しい舵取り役を担った。また緑の党の原理派に属するユルゲン・トリッティン環境相が政府と電力会社四社との脱原発時期をめぐる交渉に先立ち、電力会社側の同意が得られるかどうかの見通しもないまま、核燃料再処理のための輸送を原則禁止する内容の原子力安全法改正案づくりを進めた。

トリッティン環境相にすれば、フランスと英国から再処理済みの核燃料がドイツ国内に帰還するたびに、激しい抗議運動が起こる事態（前述）を防ぎたかったと思われる。トリッティンの法案づくりを知ったシュレーダーは企業との協調を重視する観点から「独走は許さない」と言って、トリッティンをたしなめ、法案づくりを中止させた。

シュレーダーは、この後、トリッティンら緑の党側と協議、九九年一月、社会民主党と緑の党は使用済み核燃料の国外再処理を禁止することで合意し、関連の規定を盛り込んだ「原子力法改正案」を連邦議会に提出、法案が可決成立した。この後、ドイツ連邦環境省は新規原発施設建設の許認可の禁止、使用済み核燃料の海外再処理の禁止、電力会社への賠償を行なわないなどとする脱原発政策を発表した。

脱原発派としての政治家シュレーダー

ここで、政治家としてのシュレーダーのプロフィールを書き留めておこう。

シュレーダーはノルトライン・ヴェストファーレン州の貧しい家庭で生まれ育ち、工場などで生活費を稼ぎながら夜学で高等学校卒業資格を取得、ゲッティンゲン大学に入学、法律を学んだ。三十二歳で司法試験に合格、弁護士活動を始めた。苦学時代の一九六三年、社会民主党に入党。以来、終始、現実路線を歩む、根っからの脱原発論者である。一九八〇年に連邦議会選挙に立候補し、初当選し、九〇年にニーダーザクセン州首相に就任した。

ニーダーザクセン州首相時代、同州ゴアレーベンにある高レベル放射性廃棄物の中間貯蔵施設の建設問題や、完成後は同施設へのフランスのラ・アーグ処理施設からの再処理済み廃棄物の返還に対する激しい反対運動に向き合った。返還反対運動が高まっていた九六年五月初旬、シュレーダー首相は脱原発の観点から「ニーダーザクセンが高レベル放射性廃棄物の中間貯蔵を引き受けてもいい。その代わり、原発をやめて放射性廃棄物の量を確定すべきである」と発言、ドイツがまず脱原発に踏み切る必要性を訴えた。

一九九九年四月、シュレーダーはラフォンテーヌ社会民主党党首の辞任を受けて党首に選出され、二〇〇二年十月、首相に再選された。首相在任中の二〇〇一年、イラク戦争の開戦をめぐって戦後ドイツ首相としては初めて米国のブッシュ政権と衝突した。しかし、シュレーダーがイラク戦争への参加に反対の立場を取ったことが、ドイツの大衆に受けた。

社会民主党のリーダークラスにも、脱原発に対する考え方には微妙な違いがある。社会民主党が緑の党と連立政権を組んだ時、シュレーダーは一貫して脱原発の立場を堅持し、両党間を調整した。歴史的な脱原発の成功の陰にはシュレーダーの脱原発実現への強い意志と優れた調整力があったと言える。

シュレーダーは再生可能エネルギーを世界的に普及させる機運づくりにも力を入れた。二〇〇二年八月末から九月初めにかけて南アフリカのヨハネスブルクで開かれた「持続可能な開発に関する世界首脳会議」（略称・ヨハネスブルク・サミット）では再生可能エネルギー普及の数値目標の設定をめぐって紛糾した。ＥＵや中国は数値目標の設定を支持し、米国や日本は設定に反対し、遂に決裂した。

その時、会議に出席していた首相シュレーダーは「再生可能エネルギーに関する国際会議を開こう」と提案、これが二〇〇四年六月、ボンで国際会議「再生可能エネルギー二〇〇四」の開催となって実現した。

かねて再生可能エネルギーを世界的に普及させるための政府間組織づくりを持論としていた社会民主党の連邦議会議員、ヘルマン・シェーアは、この国際会議の開催を基に、国際機関の設置に尽力した。こうして二〇〇九年一月二十六日、「国際再生可能エネルギー機関」（ＩＲＥＮＡ）が誕生した。ここにも脱原発・再生可能エネルギー推進派シュレーダーの足跡がある。

◆全原発の二〇二一年廃止が決まる

原発全廃の基本合意が成立

一九九九年、連立政権は政策協定書に基づき、四大電力会社と一九基の原発（発電量はドイツ全体の発電量の約三〇パーセント）の全廃をめぐって交渉を開始した。交渉参加者は政府側がシュレーダー首相、トリッティン環境相、ミュラー経済相の三人で、電力会社側が四社のトップ。連立政権が脱原発政策を推進する理由は主に、①放射性廃棄物が環境汚染を引き起こす恐れがある、②事故の危険性がある。この二点である。

この交渉で、焦点になったのは原発の操業年数（耐用年数）で、脱原発政策を所管していた二人の閣僚、ミュラー経済相とトリッティン環境相のうち、ミュラー経済相は一九九九年六月の時点では最大操業年数を三十五年としていた。これに対し、緑の党は当初、「二〇〇四年末までの原発全面廃止」を主張したが、その後、社会民主党に妥協し、政権として操業年数を二十五年とした。社会民主党は、もっと長い年数を求めたが、緑の党は譲らなかった。

電力会社側との交渉で、政府側は原発を段階的に閉鎖することで妥協、焦点は段階的閉鎖の期限に絞られた。連立政権側が電力会社四社に一九基の原発の段階的廃止の計画期間案の提示を求めると、電力会社側は四十年案を示し、政権側が二十五年案を提示した。これに対し、「原発こそがビジネスモデル」と信じていた電力業界は激しく反発し、もっと長い年数を主張した。シュレーダーを始めとする政権の交渉参加者は業界幹部と納得するまで何度も議論した。

交渉が妥結に向かっていた二〇〇〇年三月、「緑の党」は党大会を開き、原発の運転期間を操業開始後、最長三十年とすること、新たな原発建設の拒否、できるだけ早期の放射性廃棄物再処理禁止など六項目を盛り込んだ「脱原発に関する決議」を採択した。

交渉は二〇〇〇年六月までに四回、行なわれた。この交渉で電力業界側は、まず新規の原発建設を断念することで妥協し、一九基の現存原発については、各原子炉が四十年間一〇〇パーセントの全出力を終えるまでは閉鎖しないか、あるいは稼動年数を最大限引き伸ばす構えで臨んだ。

六月十四日夜、シュレーダー首相、ミュラー経済相、トリッティン環境相、電力会社数社の責任者が参加して大詰めの脱原発交渉が開かれた。シュレーダー首相は政権側の当初案である二十五年案と電力会社側の四十年案を足して2で割った数字よりわずかに多い「三十二年」を原発の平均寿命の最終案として電力会社側に提示、合意を迫った。「妥協できる耐用年数は三十年が限度」とする緑の党はシュレーダーに押し切られる形で最終案が決められた。

電力会社側はシュレーダーの提示した最終案に乗り、両者は次の四点で基本合意に達した。
①一九基の原発の平均寿命は三十二年とする。各原発は運転開始から、それぞれ平均三十二年で全廃する。
②新しい原発の設置は認めず、耐用年数に達したものから順次廃棄していき、二〇二一年までにすべての原発を廃止する。
③使用済み核燃料の再処理は二〇〇五年七月一日までとし、それ以降は最終処分場での貯蔵に限

定する。
④当面、中間処理場で貯蔵することを認める。
最新の原発の稼働は一九八九年だから、焦点の全原発の廃止までの期限は二〇二一年となった。緑の党内の急進派は政権が原発の平均寿命を三十二年としたことについて「二〇二〇年までの原発運転の容認に他ならない」と反発し、党を離党する議員が出た。だが緑の党は他に現実的な選択肢がないことから、六月二十四日の党大会で、この合意への支持を表明した。二〇〇一年九月、この合意事項を盛り込んだ連邦原子力法改正法案が閣議決定の後、連邦議会に提出され、可決された。

最新の原発稼働は一九八九年だから、原発の新設を認めず、既存の原発一九基の運転期間を三十二年としたことにより、二〇二一年には一九基の全原発が廃止されることになった。同法は二〇〇二年四月、施行され、世界初となる脱原子力政策が動き出した。

ドイツは、それまで年間一七〇億キロワット（消費電力総量の約七パーセント）の電力が不足し、隣国、フランスから輸入してきた。世界有数の工業国、ドイツは電力不足の不安を抱えながらも、あえて原発廃止の道を選択した。ドイツの脱原発は果敢かつ壮大な実験と言えよう。

社会民主党と緑の党は二〇〇二年九月の連邦議会選挙でも辛勝し、連立政権の維持に成功した。二〇〇五年に成立したキリスト教民主・社会同盟と社会民主党の大連立政権（メルケル政権。二〇〇五〜二〇〇九年）でも、シュレーダー政権時代に開始した脱原発政策は引き継がれた。

環境税を導入、税収の九割を年金財源に

シュレーダー政権は一九九九年、軽油、ガソリンなどの石油製品と電力に対して環境税を課税し、その税収を年金保険料の引下げをセットにした制度を導入した。環境税導入の目的は化石燃料の消費と、それに伴う二酸化炭素（CO_2）排出量の抑制、再生可能エネルギーの技術開発の促進、かつ企業の人件費（年金保険料の企業負担）の軽減による雇用促進である。環境税はガソリン・軽油一リットル当たり〇・〇六マルク（約四円）。灯油・電気・ガス料金にも上乗せした。政権は企業優遇税制の大幅見直しと二〇〇二年までの計二〇五億マルク（一兆四〇〇〇億円）の段階的所得・法人減税などの関連法を連邦参議院で可決成立させた。

社会的公正さを維持するために、環境税による税収の九〇パーセントを年金財源に、一〇パーセントを交通部門と一般家庭でのエネルギー消費と二酸化炭素削減対策に、それぞれ充てた。その結果、交通部門では二酸化炭素排出量が初めて減少した。再生可能エネルギーによって発電された電力については非課税となった他、産業に打撃を与えないように製造業者や農林漁業者、公共交通機関事業者などへの課税は低率あるいは免除が規定された。

使用済み核燃料の再処理を禁止

ドイツの原子力法の改正以前は、使用済み核燃料については再処理を原則とすることが認められていた。それが使用済み核燃料の国内での再処理が二〇〇五年七月一日以降、禁止されると、後は国外に再処理を委託するか、直接処分するか、二つの方法しかない。

ところがニーダーザクセン州政府は先に述べたとおり、一九七九年にゴアレーベンの使用済み核燃料再処理工場建設を断念し、その代替の再処理工場をバイエルン州バッカースドルフに建設する計画が立てられた。しかし、この計画も強力な反対運動に遭い、放棄された。残るのは直接処分だけである。そこで、ドイツは一九八九年六月、EC（欧州共同体。一九九三年、EUと改称）の域内諸国への再処理委託が原子力法の要件に適合していることを公式に認め、そのうえで、かねて使用済み核燃料の再処理を委託していた英、仏両国の核燃料会社二社との間に追加再処理契約を改めて締結した。

九六年五月初め、この契約に基づき、フランスのラ・アーグから再処理済み高レベル放射性廃棄物をゴアレーベンの中間処理施設に向けて列車で輸送する作業が始まった。輸送前日までのデモ参加者は延べ約一万人。返還当日は警官二万人が警備に当たる中、約三〇〇〇人が輸送阻止を図り、負傷者も出た。

九八年十月二十日、社会民主党と緑の党の連邦レベルの連立政権が樹立され（一四九ページ参照）、シュレーダーは八年間務めたニーダーザクセン州首相から、この連立政権の首相に転じた。一九九八年九月、社会民主党と緑の党の連立政権の首相となったシュレーダーは九九年一月、与党の緑の党と協議の末、使用済み核燃料の再処理は国内、国外を問わず、禁止することで合意、政府はこれを盛り込んだ改正原子力法（一九九四年七月、改正）の再改正案を連邦議会に提出、二〇〇二年四月、可決成立した。

これによって、〇五年七月以降は再処理を目的とした使用済み燃料の国外再処理施設への輸送が禁止され、原発から発生する放射性廃棄物と、すでにフランスと英国から返還済みの再処理済みの高レベル放射性廃棄物（ガラス固化体）を国内の深い地層で直接、最終処分することになった。

社会民主党・緑の党の連立政権が使用済み核燃料の海外再処理の禁止を決めると、これまで委託業務を行なっていたフランス企業やイギリス企業、および両国政府から契約不履行の抗議があり、連立政権は即時禁止を断念した。

その代わり、政府は原発事業者に対し原発の敷地内かその近郊に中間貯蔵施設を設置する義務を課し、施設の準備が整うまでの間、政府は使用済み核燃料の再処理のための輸送許可を交付することで合意した。また、高レベル放射性廃棄物の最終処分場の完成は二〇三〇年をめどに進められることとなった。

段階的脱原発が合意されたことによって、政府の再生可能エネルギー産業育成策も電力事業者の原子炉廃炉計画も、そして放射性廃棄物処理事業もすべてが脱原発時期に合わせた具体的なスケジュールを基に進めることができるようになった。

白紙に戻ったゴアレーベン貯蔵施設

二〇〇〇年六月、連立政権は、再処理施設への使用済み核燃料の輸送量を減らすため、電力会社に対し、使用済み核燃料の中間貯蔵施設を原発の施設内または近くに設置することを義務付けた。また放射性廃棄物の最終処分場の候補地であるゴアレーベンで進めてきた調査は安全が確認されるまで十年間、中止することを決めた。これによって、ゴアレーベンの調査は同年十月以降、凍結された。ゴアレーベンは一九七九年に旧西ドイツの放射性廃棄物の最終処分場の候補地とされていたが、現在は中間貯蔵施設が設置されている。

二〇〇一年十一月二十六日、英仏海峡に臨むフランスのラ・アーグの再処理工場からゴアレーベンへの放射性廃棄物搬入に反対するデモと集会が同地の西二十キロのダネンベルグで開かれ、約二万三〇〇〇人が参加した。しかし、ラ・アーグからゴアレーベンの中間貯蔵施設への高レベル放射性廃棄物（ガラス固化体）の輸送は翌〇二年三月下旬と二〇〇五年十一月下旬に行なわれた。二〇〇二年三月下旬の輸送作業には一万六〇〇〇人が抗議行動を展開し、約三万人の警官が警戒に当たった。

途中、リューネブルク近郊では反対派が輸送列車の通る鉄道に座り込み、幹線道路上に大きなコンクリート塊を置くなどして阻止行動を行なった。終着駅のあるダンネンベルクでは一万人規模の抗議集会が開かれたが、使用済み核燃料は二十九日にゴアレーベンの中間貯蔵施設に運び込まれた。

当時、社会民主党と緑の党は連立政権を組んでいた。放射性廃棄物処理に反対する立場の緑の党・社会民主党の連立政権は苦しい立場に立たされた。とりわけ結党以来、一切の原子力施設の建設に強く反対していた緑の党は輸送に抗議する運動を取り締まることにジレンマを感じたと思われる。

二〇〇五年十一月下旬の輸送作業では、チェルノブイリ原発事故で放出された放射能の十四倍の放射性物質を含む核廃棄物がゴアレーベンに運び込まれた。この輸送には合計約四〇〇〇人が抗議デモを行なった。途中の村では農民たちが鉄道線路を封鎖するなどして抗議、当局はこれに対抗して約一万人の警官を動員して排除に当たった。

二〇一一年十一月十一日、レットゲン環境相は「原発から出る高レベル放射性廃棄物の最終処分場の候補地だったゴアレーベンでの建設計画を白紙に戻し、改めてドイツ全土から候補地を選定し直す」と発表した。ゴアレーベンとアーハウスの中間貯蔵施設には使用済みの高レベル放射性廃棄物（ガラス固化体）と低レベル放射性廃棄物が合わせて約六八〇〇トン貯蔵されている。

法改正で買取り価格の引上げ

二〇〇三年十二月十七日、連邦内閣は次の三点の改正を盛り込んだ再生可能エネルギー法改正案を承認した。

①買取り価格を現行法と比較して風力発電に適した沿岸地域では約六・三パーセント、風力発電に適した内陸部では約二一・三パーセント引き下げる。

②一五〇キロワット以下の小型バイオマス発電施設からの買取り価格をさらに優遇し、再生原料の利用、コージェネレーションなどの革新的技術も優遇する。

③水力発電施設からの買取り対象を現行法の五メガワット級以内から一五〇メガワット級にまで拡大する。

翌〇四年四月二日、連邦議会は、総電力需要における再生可能エネルギーの割合を二〇二〇年までに少なくとも二〇パーセントに引き上げることを主眼とした改正再生可能エネルギー法を承認した。また、陸上の風力発電設備の減少に対応して風力発電の主力を洋上へ移す誘導策を盛り込み、同時に太陽光発電設備の補償率の引上げやバイオマス（特に小さい植物）発電の誘導策も導入した。

二〇〇八年、優遇ローン制度の設置を盛り込んだ再生可能エネルギー法改正案が成立、その結果、太陽光発電設備の取付け件数が大幅に増加した。

初期投資の費用が大幅に低下すると、風力発電や太陽光発電の設置者がさらに増加した。その結果、電力生産全体が再生可能エネルギーに大きくシフトし、ドイツの再生可能エネルギー生産は着手からわずか十数年で世界のトップクラスに成長した。

二〇〇三年十一月、連邦環境省は再生可能エネルギー法を改正、新たなエネルギー源である地熱発電を促進する必要性を盛り込んだ。そしてメクレンブルク・フォアポンメルン州のノイシュタット・ゲルヴェで、ドイツ最初の地熱発電所の操業を開始した。連邦環境省は、この地で地熱発電開発が進めば、現在の電力消費のほぼ六割に相当する年間三五〇兆ワット時の電力生産が技術的に可能であると試算した。

ドイツにおける地熱発電は将来、年間三五〇兆ワット時が技術的に可能と見込まれ、二〇二〇年には再生可能エネルギーの四分の一を地熱によって供給することが可能とされている。

電力生産事業免税の効果

社会民主党と緑の党の連立政権は、この高価格買取り制度に加えて、さらに再生可能エネルギーによる電力生産事業を免税にした。この免税が太陽電池メーカーの育成を後押しした。その一つが旧東ドイツの化学工業の拠点だったビッターフェルト（統一前は東ドイツ。人口一万五〇〇〇人）

にある。ビッターフェルトは旧東ドイツ時代、公害発生型の旧式工場が多く、石炭の採掘場もあって大気汚染公害が著しく、激甚な健康被害が多発した。街の停滞は東西ドイツの統一後も十年近く続いていた。

二〇〇〇年、ベンチャー企業Qセルズが、かつて公害のひどかったビッターフェルトで太陽電池の主要部品であるセルの製造を始めた。太陽光発電が脚光を浴びる中、Qセルズには注文が殺到、同社は二十四時間フル稼働で太陽電池を製造した。売上げは毎年、一五パーセントずつ伸び、Qセルズは二〇一一年には売上げ世界一のシャープ（日本）を追い抜き、世界の太陽電池メーカーの首位に立った。社員は三九人から約一八〇〇人に増えた。

停滞していたビッターフェルトの街はQセルズの躍進にあおられて活性化し、石炭採掘場の跡地には世界最大級の太陽光発電施設が建ち並び、「ソーラーパーク」と名付けられている。Qセルズの他にも太陽電池メーカーが生まれ、ドイツは二〇〇五年に太陽光発電累積導入量で日本を追い抜いた。

近年は太陽光発電の急速な普及とともに、中国の安い太陽光パネルがドイツの太陽光パネル市場に参入した。安い中国製パネルに太刀打ちできず、経営悪化から倒産に追い込まれるドイツの企業が増加し、世界一の太陽電池メーカーに急成長したQセルズも、御多分に漏れなかった。二〇一二年破産、韓国系企業ハンファグループに買収された。

コージェネレーション法と住宅の省エネ対策

ドイツでは、エネルギー利用の高度化や省エネもエネルギー転換を担う重要な代替エネルギーと位置付けられている。社会民主党と緑の党は、こうした考え方に立ち、連立協定に「新しい連邦政府は省エネルギーを最優先し、省エネ・テクノロジーを支援するため広範で、多様な対策をとる」と明記した。この省エネルギー最優先の政策が二〇〇〇年十月十八日、新しい温暖化防止計画「国家気候保全計画」の策定となって具体化した。

「国家気候保全計画」は「今のままではEUが京都議定書の目標（八パーセント減）を達成できないおそれがある」として、温室効果ガスの一層の削減を図るのが狙いである。この計画は①高効率のコージェネレーション（熱併給発電）の普及・拡大、②建築物の省エネルギー対策、③すでに導入した削減措置の一層の強化、④再生可能エネルギー開発の一層の普及、⑤自動車から排出される二酸化炭素の削減、⑥廃棄物排出量の削減——などを重点目標に掲げた。

コージェネレーションは八〇パーセント程度のエネルギー効率を誇り、熱導管網を通じて住宅などに供給するシステムで、省エネルギーに非常に有効な手段である。欧州諸国ではオランダ、デンマーク、英国などの国々がコージェネレーションの普及を二酸化炭素を削減するうえの重要な対策として位置付けている。

二〇〇二年三月、連邦政府は高効率のコージェネレーション（熱併給発電）の普及・拡大などを推進することによって、二酸化炭素の排出量を二〇〇五年までに二六パーセント、二〇一〇年までに三二パーセント、二〇二〇年までに四五パーセント削減を目指して、「コージェネレーション法案」を連邦議会に提出、それが可決成立した。

同法を基に、連邦政府はコージェネレーション・プラント由来の電力を補助し、システムを二倍に拡大して二酸化炭素の排出量を二〇〇五年までに一〇〇〇万トン、二〇一〇年までに二〇〇〇万～二三〇〇万トンの削減を目指した。再生可能エネルギーの電力生産が軌道に乗った今、連邦政府はコージェネレーションを含めた省エネルギー対策を当面の重要課題と受け止め、その推進に力を入れている。

ドイツでは建物の省エネルギー対策や熱エネルギー政策が地球温暖化防止対策の中で重要な位置を占めている。なぜならドイツの冬は寒さが厳しいうえに、ドイツには建築後百年を超える古い住宅も少なくなく、暖房効率の改善における建物内のエネルギー消費量のうち、特に暖房や給湯などの熱エネルギー消費がその九〇パーセントを占めている。このため住宅の暖房による温室効果ガスの排出量は国全体の二〇パーセントを占めている。したがって、建物のエネルギー効率を上げることによってエネルギー消費量を大きく削減することができる。

建物の省エネルギーを図るためには一九七八年に制定された省エネルギー法がある。この法律は一九七三年十月に始まった石油危機を機に、建物内のエネルギー消費の節約を強化すべきだとの認識から制定された。建物における電気やガスなどの一次エネルギー総供給のうち実際に利用されるのは三〇パーセント程度にすぎず、残りは損失となっている状態だったために断熱性能や暖房設備の性能を上げることで、この損失を削減するのが狙いだった。

この省エネルギー法を基に、二〇〇〇年から建築物の省エネルギー改修が本格的に始まった。連

図③　ドイツの省エネ政策の成果

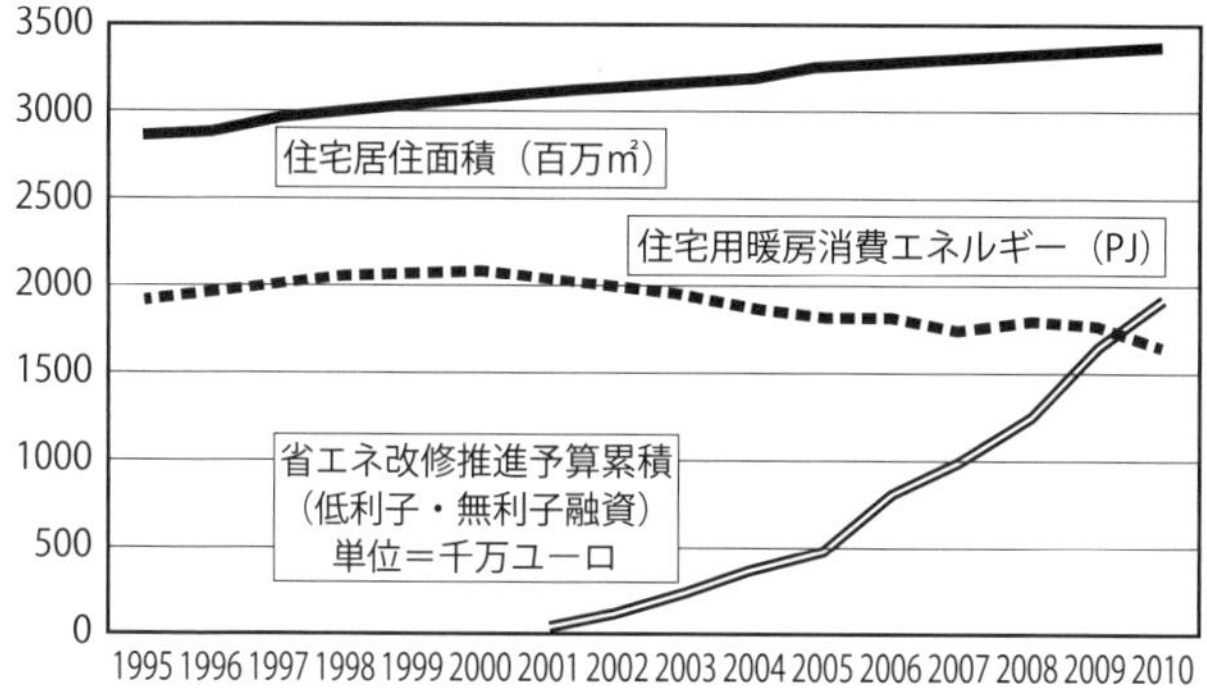

出所：ドイツ国交省の建築・住宅統計情報資料年鑑（2010年）

邦政府は二〇〇二年に「省エネルギー政令」を出し、年間の暖房に使うエネルギー消費量に基準を設けている。この基準を満たすため、改修工事では三重構造の窓、機密性の高い断熱材使用の壁を造り、外からの冷たい新鮮な空気は地下室の熱交換器で暖めてから室内に取り込むなど様々な工夫がなされる。

改修された住宅は「パッシブハウス」と呼ばれ、外気の気温が零℃でも、室内は二〇℃前後なので、電気や石油による暖房は必要ない。建築費は普通の住宅と比べて一割ほど割高だ。新築住宅には、連邦政府は各州に建築補助金を支給、「パッシブハウス」の価格高騰の抑制に努めている。「パッシブハウス」は補助金が受けられるうえ、暖房費がかからないため、長い目で見れば得だといわれている。

省エネ改修は二〇〇〇～二〇一〇年の十年間に累計一兆円余の予算規模で進められた結果、一二兆円程度の省エネ改修工事が建設業市場に出て、毎年約四〇万人規模の雇用を生み出した。ドイツ連邦政府は今後二十年間に全国の住宅の半数以上が改築されると試算している。

二〇一三年現在、ドイツでは住居を始めとする建物の数の増加を上回る勢いで、省エネルギー化が進み、同時に温室効果ガスの排出量の削減も進んでいる。建物の改修工事によって節約される暖房費は日本円に換算して年間二兆六〇〇〇億円にものぼっている。

前ページの図③は住宅の省エネ回収工事関連予算の累積額が急増し、これに伴い住宅の暖房エネルギーの消費量が低減されていく状況を示している。

◆電力の自由化と発電・送電の分離

消費者が好きな発電会社を選択

もともと、ドイツの電力制度は日本と同様に発電と送電の一体化した体制で、しかも八つの大電力会社がそれぞれ地域に割拠して独占する状態が続いていた。発電と送配電、小売りが大電力会社の手に握られていた。一方で、大電力会社以外に一〇〇〇社ものローカルな配電会社があった。

一九九七年、ＥＵ（欧州連合）が加盟一五カ国に対し、電力市場を自由化するよう第一次欧州電力自由化指令を出した。指令の目的は、大電力会社に独占されている電気事業のうち発電部門と小売り部門で市場参入の規制を緩和し、競争を導入することであった。

規制が緩和され、競争が導入されれば、電気料金が引き下げられたり、電気事業の効率化を進むなどの効果が期待できるからである。電力市場の自由化は一九九〇年に英国で実施され、その後、導入する国が増え、今や世界的な潮流になっている。

連邦政府はＥＵ指令を受けて、大電力会社の地域独占を撤廃する方針を決め、九八年四月、産業法を改正、カルテル法（独占禁止法）で定めている電力の適用除外を解除した。これによって、大電力会社による地域独占体制は廃止され、発電市場と小売市場が自由化された。

ただ、この時は一般の株主が電力会社の株を所有し、私的所有権の問題があるとして、完全な発送電分離は実現せず、代わりに送電網を貸し出す託送制度が整備された。しかし、託送制度は事業者間の交渉に委ねられたために託送料金が高額になった。その結果、新規参入事業者は経営困難に陥り、倒産が相次いだ。

その後、既存の大手電力会社が競争力を保ち、生き残るために合併や提携を繰り返し、結局、八社から四社に再編・統合された。電力市場が自由化されると、約一〇〇社が電力事業に新規参入し、消費者はこの中から選択することができるようになった。二〇〇三年、ＥＵが送電部門の法的分離を求める改正欧州電力自由化指令を発し、大電力会社のＲＷＥは送電部門を別会社にした。

連邦政府は新規参入事業者の経営が成り立たない事態を競争阻害行為と捉え、二〇〇五年、送電事業を監視する機関として連邦政府が送電部門に強い監督権限を持つ連邦ネットワーク庁を創設、送電線の利用料金（託送料金という）を事前許認可制に改め、発電部門と送電部門の会計、情報、運用の徹底した透明化と分離を促進したため、本格的な発送電分離が実現した。

しかし、電力価格の高い大電力会社は顧客を取られないように値下げし、大電力会社間に電力価格の値下げ競争が起こった。この時点では、大電力会社が発電設備と送電網を独占していたため、規模の小さな新規参入事業者は厳しい競争を強いられ、電力事業からの撤退を余儀なくされた事業者が少なくなかった。

二〇〇九年、連邦政府は大電力会社に送電部門の所有権分離を要求した。政府と大電力会社の間で交渉が数年間にわたって続けられた結果、二〇一二年五月までに電力会社四社のうち、三社が送電部門を売却した。

発送電部門の法的分離や機能分離が進むと、送電部門の完全な独立性が担保され、安くて安定した電力システムの構築に役立った。そればかりか、どの消費者も再生可能エネルギー由来の電力へのアクセス権を公平かつ実質的に持つことができるようになった。

現在では新規参入者にとって公平な競争環境が実現し、新規参入の再生可能エネルギー発電事業者と既存の大電力会社が差別的に扱われることがなくなった。

電力小売市場の新規参入も活発に行なわれ、消費者は容易に小売会社を変更できるようになった。消費者は大企業から零細企業まで数ある電力会社（外国の電力会社を含む）の中から、「電力料金が安い」「自然エネルギーを生産している」など自分の好きな電力事業者を自由に選択できるようになった。

再生可能エネルギーの生産事業者を選ぶ消費者が多ければ多いほど、再生可能エネルギーの拡大につながる。福島第一原発の事故以前は既存の大電力会社との契約を継続している世帯が四割を占めていたが、事故後は再生可能エネルギーによる発電事業者に切り替える消費者が増える傾向にある。ここにも福島第一原発事故の影響が現れている。

課題は送電網の強化

北海やバルト海の沿岸部を含むドイツ北部や洋上は風が強く、風力発電に適している。これに対し、ドイツ南部は風が弱いため、風力発電には向かないが、比較的日射量があるため、太陽光発電が期待できる。しかし、南部で太陽光発電によって生産される電力量は、北部の風力発電によって生産される電力量と比較すると、著しく少ない。このため原発九基のうち六基が南部に集中しているが、それでも南部では電力不足が生じている。

南部の原発は段階的に廃止していかなければならないため、連邦政府は南北を走る超高圧送電線の整備を急ぐとともに、風力資源に恵まれた北海やバルト海で洋上風力の開発を促進し、ドイツ南部へ大容量の送電を行なう方針を打ち出している。

送電網整備に関しては、送電線建築予定地周辺の住民が景観の破壊、不動産価格の下落、電磁波への懸念などを理由に反対しているために、工事が遅れている。連邦政府は送電網の整備を促進するために、計画の初期段階から住民の手続き参加を保証し、住民の合意形成を促すことを狙って二〇一一年七月、新たに送電系統整備の迅速化措置法案を連邦議会に提出、この法案が成立した。

連邦政府は同法を基に、二〇二〇年までに三八万ボルトの超高圧送電線を新たに三六〇〇キロメートル整備する方針である。

◆社会民主党・緑の党連立政権の終焉

第二次シュレーダー政権

二〇〇二年九月の連邦議会選挙では選挙戦の当初、社会民主党と緑の党による連立政権二党の合計支持率が野党のキリスト教民主・社会同盟と自由民主党（ＦＤＰ）の合計支持率を大きく下回っていた。しかし、選挙戦の最中に旧東ドイツで発生した洪水被害にシュレーダー首相が迅速に対策を取ったことや米国のイラク攻撃に強く反対したことが社会民主党の支持率を急増させ、連立政権与党と野党の差は狭まり、大接戦となった。

投票の結果、社会民主党が前回に比べて得票率を減らし、三八・五パーセント、キリスト教民主・社会同盟も伸び悩んで三八・五パーセント、自由民主党は七・四パーセントだった。しかし、国民的な人気政治家フィッシャーを看板にして選挙戦を戦った緑の党は結党以来最大の得票率八・六パーセントを獲得し、議席を五五へ伸ばし、自由民主党を抜いて第三党となった。

一人勝ちした緑の党は辛うじて第一党の座を保持した社会民主党と連立を組み、第二次シュレーダー政権を成立させた。

この政権で、フィッシャーは引き続き、外相を務め、イラク攻撃に反対して悪化した米国との関係改善に努めた。レナーテ・キューナストが消費者保護・栄養・農業相、ユルゲン・トリッティンが環境相に再任された。

この政権で、シュレーダー首相は低迷する経済の活性化と増加する失業者の減少を狙って長期失業手当の実質的廃止や実質賃金の抑制、大企業向けの減税策、年金支給額の抑制、医療保険における患者負担額の増加などの構造改革に着手した。緑の党もこの改革を支持したが、国民に負担を強いる政策とあって、社会民主党の支持率低下の一途をたどった。

社会民主党がコール政権時代から続く大量失業に対して無策だったことも批判された。構造改革への批判と大量失業への無策批判が重なり、同党は各州の州議会選挙でも敗北を重ねた。一九七六年に一〇〇万人を超えた社会民主党の党員数は二〇〇三年には六六万三〇〇〇人にまで減少した。

一方、緑の党については、東欧からドイツに入国する際のビザの取得緩和にフィッシャー外相やL・フォマー前外省上級政務次官らが関与したという「ビザ疑惑」が取り沙汰され党の支持率が低迷した。(8)

二〇〇四年三月の社会民主党の臨時党大会ではシュレーダー首相が党首の座を降り、連邦議会議員団長のフランツ・ミュンテフェーリングが党首となった。〇五年五月、オスカー・ラフォンテーヌ元党首ら党内左派が離党して「労働と社会的公正のための選挙オールタナティブ（WASG）」を結成、WASGは民主社会党と連合して「左翼党」を結成した。左派の離脱による左翼党の結成は社会民主党の弱体化を招いた。

保革大連立政権の成立

二〇〇四年五月のノルトライン・ヴェストファーレン州議会選挙で連立与党は敗北し、シュレーダーは二〇〇六年の連邦議会選挙を〇五年に前倒しする決心をした。二〇〇五年七月、シュレーダー首相は自らの信任決議案を与党に否決させ、連邦議会の解散総選挙（九月十八日投票）に打って出た。

解散当時の支持率は、最大野党のキリスト教民主・社会同盟との差が大きかったが、選挙戦終盤に盛り返し、第一党のキリスト教民主・社会同盟とはわずか四議席の差にまで接近した。

選挙の結果、野党第一党のキリスト教民主・社会同盟が得票率三五・二パーセントでトップ、社会民主党が三四・二パーセントで二位、自由民主党が九・八パーセントで三位、左翼党が八・七パーセントで四位、緑の党は前回選挙（二〇〇二年）より得票を減らし、八・一パーセントで五位。自由民主党と左派党の得票を下回った。

キリスト教民主・社会同盟は緑の党との連立交渉に失敗し、首相ポストをアンゲラ・メルケルに決めた。メルケルは社会民主党との保革大連立政権を目指してシュレーダーと折衝した結果、七年間続いた社会民主党と緑の党連立政権に代わって大連立政権が成立した。二大政党の大連立はキージンガー政権の成立（一九六六年）以来、三十八年ぶりであった。

十一月二十二日、連邦議会はメルケルを連邦首相に選出した。従来からの社会民主党支持者の多くが同党がメルケル政権下で進めた「現実路線」に反発して党から離脱した。

連立政権の立役者、フィッシャー

ドイツの脱原発の決定は二回行なわれた。一回目はシュレーダー政権と電力業界の脱原発交渉で合意した二〇〇〇年六月（合意内容を盛り込んだ原子力法改正は二〇〇二年四月）、二回目はメルケル政権が延長した原発の稼働年数を与野党が連邦議会で白紙還元した二〇〇二年七月である。（一五六、一九七ページ参照）。

一回目の決定は緑の党と社会民主党の連立政権が行なったものだが、この連立政権の実現には、これまで見てきたように、緑の党の異色のリーダー、ヨシュカ・フィッシャー（図④参照）の長年の尽力が大きく関わっている。フィッシャーとは、どのような人物なのか。彼のプロフィールを記し、政治活動の歩みを紹介しておこう。

フィッシャーは一九四八年四月、バーデン・ヴュルテンベルク州ゲーラブロンの肉屋の三男として生まれた。両親はハンガリーに住んでいたドイツ系移民で、第二次世界大戦後ハンガリー政府に追放されて旧西ドイツへと移住した。カトリックの家庭に育ったフィッシャーは少年時代、教会で侍者をしていた。ギムナジウム（中学と高校に当たる）では成績が悪く、十七歳を前にして大学入学資格を取得せずに中退。写真家の修業をしたが、すぐに辞め、玩具のセールスマンをした。

一九六七年、十九歳の時、フィッシャーはフランクフルト大学の学生食堂で本を販売する傍ら、左派の学生に人気が高かったテオドール・アドルノ、ユルゲン・ハーバーマス教授らの授業に潜り

図④　ヨシュカ・フィッシャー外相（緑の党）（REUTERS　SUN）

込んで聴講した。[9] またカール・マルクス、毛沢東、ヘーゲルなどの著作を読みふけった。

フィッシャーはやがて学生運動に参加、巧みな演説で注目を集めるようになった。左翼過激派団体「革命闘争」のメンバーとして警官隊と衝突したこともある。一九七一年、リュッセルスハイムにある自動車メーカー、オペル工場に就職、革命運動を組織しようと試み、半年後に解雇された。この後、フィッシャーは転々と仕事を変え、七六年から八一年まではタクシーの運転手や「カールマルクス書店」で古本販売の仕事もした。[10]

八二年、フィッシャーは革命運動と決別して緑の党に入党、ヘッセン州緑の党の現実派とエコロジー原理主義派の対立に関わり、現実派の主導権を握った。フィッシャーは八三年三月の連邦議会選挙の緑の党の候補に選ばれ、当選。連邦議会では緑の党の幹事会の一員となった。

フィッシャーは新左翼の活動家から緑の党へ転じた。彼は正規の大学生ではなかったのだが、学生運動に参加した経歴を持つことから、「六八年世代」の代表的な政治家の一人と目されている。そこで「六八年世代」という言葉に触れる。

一九六八年にはフランスや旧西ドイツ、日本などでスチューデント・パワーが吹き荒れ、フランスや西ドイツでは、運動の担い手たちが後に政治に影響を与えた。「六八年世代」は旧西ドイツで使われた言葉で、学生運動がピークに達した六八年を挟む前後数年の年代に学生運動に携わったり、その主張に共感を抱いた人びとを指す。緑の党の結党にはフィッシャーのような「六八年世代」が多数、参加し、同党の政策にも影響を与えた。[11]

当時、緑の党には連邦議会議員の職を任期（四年）の半分で他の党員に譲る制度があり、フィッシャーは八五年に議員を辞任した。幸いなことに、フィッシャーはヘッセン州の社会民主党と緑の党の連立政権初代環境・エネルギー相に任命された。

八七年、フィッシャーはハーナウに建設予定の原発をめぐり社会民主党と対立し、環境・エネルギー相を更迭されたが、州議会選挙に当選し、ヘッセン州緑の党議会幹事長に就任した。九一年の州議会選挙の結果、ふたたび社会民主党の連立政権が成立、フィッシャーは再度州内閣の環境大臣に就任した。

九四年十月の連邦議会選挙に立候補して当選、緑の党代表である「共同議長」および党スポークスマンを務めた。フィッシャーと緑の党のリーダーたちは四年後の連邦議会選挙で、社会民主党と連立政権を樹立することを目標に掲げて党勢の拡大に努めた。九八年九月の連邦議会選挙の結果、社会民主党と緑の党の連立政権が成立すると、フィッシャーは内閣ナンバー2の連邦副首相兼外相に就任した。

九九年のコソボ紛争の時、外相のフィッシャーはセルビア当局の行動をナチス・ドイツのホロコーストになぞらえて批判、北大西洋条約機構（ＮＡＴＯ）軍のコソボ空爆を支持した。そして九九年三月、ドイツ連邦軍も加わった北大西洋条約機構軍がユーゴ爆撃を開始した。これが議論を呼んだ。

同年五月の緑の党の党大会で、反戦主義者の一人が投げたカラーボールがフィッシャーの耳に当たり、鼓膜を破るけがをした。一方、イラク戦争開戦前、フィッシャーがフランスと歩調を合わせて開戦反対を訴えたときは人気を盛り返し、その直後の二〇〇二年連邦議会選挙で緑の党の議席が増えた。

二〇〇一年九月、対米同時テロの発生を受けて米国のアフガニスタン報復爆撃が始まると、ドイツ連邦軍がこれに参加した。十一月に開かれた緑の党の党大会では連邦軍のアフガニスタン派遣か、それとも連立政権離脱かをめぐって激しい議論が戦わされ、フィッシャーがその矢表に立たされた。

連邦軍派遣が否決されれば、フィッシャーは離党する覚悟だった。緑の党は連立政権を離脱、シュレーダー政権が崩壊するからである。それでもフィッシャーは連邦軍のアフガニスタン派遣への支持を懸命に訴え、辛うじて連立離脱の危機を免れた(12)。緑の党としても結党時の原則だった非暴力・反戦に背いても、政治の現実と置かれた立場を考慮して、政権離脱回避のために自重したのである。

二〇〇五年一月、ウクライナなど東欧にあるドイツの在外公館に、移動の自由の尊重などを理由にビザ発給条件を緩和するよう政治的圧力がかけられたとする、いわゆる「ビザ疑惑」が発覚した。フィッシャーは疑惑に関与したとして、二〇〇五年四月二十五日、議会に設置された調査委員会に証人喚問され、この事件をきっかけに、高かったフィッシャー人気と緑の党への支持が急落した(13)。

同年九月の連邦議会選挙で、緑の党の支持率は微減にとどまったが、連立政権の相手だった社会民主党が敗北したうえ、自由民主党が勢力を伸ばしたために、緑の党は政権に参加できなくなった。フィッシャーは世代交代を理由に政界引退を表明し、翌〇六年九月一日、連邦議会議員を辞職、九月、米国プリンストン大学の客員教授兼国際経済研究所員に就任した。

二〇〇七年には、ベルリンに経営コンサルタント会社を設立、原発を運転している大手電力会社RWEや自動車メーカーBMW、総合電機メーカー・シーメンスなどのドイツを代表する大企業に環境問題に関するアドバイスを行なった。その後、アゼルバイジャンからヨーロッパへ天然ガスを輸送する「ナブッコ・パイプライン会社」の顧問を務めた。

フィッシャーの最大の実績は、ヘッセン州環境相として同州の社会民主党・緑の党連立政権を担った経験を基に連邦レベルでの連立政権樹立を提唱、両党の連立政権の実現を緑の党の綱領に盛り込ませたことであろう。彼の信念とも言うべき連立政権樹立は一九九八年に遂に実現、フィッシャーは副首相兼外相に就任した。外相時代の前期、彼はドイツで最も人気のある政治家と言われた。

この連立政権が電力業界との交渉の結果、二〇二二年までの段階的な脱原発の合意（第一次の脱原発。第二次は福島第一原発事故後）を成立させたことを考え併せると、連立政権樹立の立役者であるフィッシャーはドイツの脱原発を実現させた実質的な功労者であると言えよう。

フィッシャーの波乱に富んだ三十年の政治生活の足跡をたどると、そこには個性豊かな人物像と異色の生き方が浮き彫りになる。自説を曲げず、独自の道を歩むフィッシャーには時として毀誉褒貶《きよほうへん》もあったが、実質的に実に大きな実績を挙げた。

第7章　フクシマで破綻した原発延命策

◆メルケル政権の脱原発期限延長政策

原発の耐用年数を平均十二年間延ばす

二〇〇五年九月十八日、連邦議会選挙が行なわれ、キリスト教民主・社会同盟が得票率三五・二パーセント（前回選挙より三・三パーセント減）で第一党、社会民主党が第二党（同四・三パーセント減）、自由民主党が第三党（同二・四パーセント増）、左翼党（ＰＤＳ）が八・七パーセントを得票して第四党、緑の党が最下位の第五党となった。

さまざまな組み合わせの連立交渉が続けられた末、十月十日、メルケルを首相とし、キリスト教民主・社会同盟と社会民主党の二大政党が連立政権（大連立という）を組む構想が確定的となった。総選挙から二カ月後の十一月二十二日、連邦議会がメルケルを首相に選出、大連立政権が発足した。

この連立政権（メルケル政権）は社会民主党と緑の党の連立政権（シュレーダー政権）が決めた

二〇二二年までの原発全廃政策を受け継いだ。

二〇〇九年九月二十七日の連邦議会選挙での社会民主党の得票率は前回よりも一〇パーセント以上も少なく、獲得した議席数は戦後二番目に少ない一四六議席。キリスト教民主・社会同盟と自由民主党の保守・中道右派勢力が過半数を獲得し、第二次メルケル政権が成立した。社会民主党は十一年に及ぶ政権与党の座を失った。

メルケル政権は財政の赤字を減らす対策として、シュレーダー政権が決めた脱原発政策中の原発耐用年数を延長する方針を打ち出し、そのための調整を始めた。二〇一〇年九月五日、連立政権与党の首脳と関係閣僚が協議、その結果、シュレーダー政権が稼働開始から閉鎖まで原則三十二年間と決めていた原発の運転期間を延長することで合意した。

稼働の延長幅は一七基の原発のうち一九八〇年以前に建設された原発については従来の計画よりも八年間、八〇年以降に建設された原発は十四年間とされた。これによって、脱原発の時期は二〇二二年から二〇四〇年まで平均十二年間、延長される見通しになった。

脱原発期限を延長した理由として挙げられたのは、産業の競争力維持や温室効果ガスの削減、電力の安定的な供給、電気料金の安定化などだった。こうして運転中の原子炉一七基の運転期限の平均十二年間の延長を核とする、将来のエネルギー政策が閣議決定された。

九月十八日には首都、ベルリンで三万七〇〇〇人の参加する脱原発時期延長反対デモが行なわれ、首相府や連邦議会議事堂などを「人間の鎖」で取り囲んだ。ＢＵＮＤを中心とする環境ＮＧＯが呼びかけたもので、全国で繰り返されたデモの参加者は延べ一〇万人にのぼった。デモ参加者のほとんどが若い人たちだった。

原発運転期間の延長によって恩恵を受ける四大電力企業に対し、連邦政府は原発燃料税（課税は二〇一一年から六年間）の創設を中心に総額二八八億ユーロ（約三兆一三〇〇億円）の負担を求めた。この課税には産業界が反発した。

ドイツの連邦議会（下院）は与党が多数を占めているが、連邦参議院（上院。全国一六州の代表によって構成）は野党が過半数を握り、日本と同様のねじれ現象が続いている。連邦参議院で審議すれば野党の反対多数で否決されることから、メルケル政権は「連邦参議院の同意は必要ない」との立場を取り、連邦参議院での審議を回避した。

九月二十八日、メルケル政権は脱原発期限の延長を定めた法案を閣議決定し、連邦議会に提出した。緑の党や社会民主党などの野党が脱原発時期の延長に強く反対し、連邦議会で活発な議論が行なわれた。連邦議会で野党側が「なぜ原発を延命するのか」と追及すると、政府・与党側は「産業の競争力維持には経済的で、安定したエネルギーである原発が必要である」という理由の他に、「原発は温室効果ガスの二酸化炭素削減にも、再生可能エネルギーを普及させるためにも必要である」という答弁もした。

原発廃止を前提に、再生可能エネルギーに投資してきた風力発電や太陽光発電などの事業者、電力生産事業を営む自治体なども、「脱原発時期の延長は大手原発企業の競争力を強め、中小・零細の事業者が損失を受ける」と法案に反対した。しかし、法案は与党が過半数を占める連邦議会で可決成立した。

ドイツ環境・自然保護連盟（ＢＵＮＤ）は「原発は大丈夫だ。それほど心配する必要はない」とする政権側の主張に反対し、放射線医学や生態学など独立の専門研究者グループを設立、「政府の公式発表は間違っている。原発事故が発生すれば、それによる健康被害は将来世代にも大きな影響を与える」と訴え続けた(1)。

ＢＵＮＤは、また、ドイツで原発事故が発生した場合、損害を賠償する仕組みがないことを問題にした。日本には賠償する法制度があり、福島第一原発事故でこの制度が機能しているが、ドイツには、この種の法制度がない。ＢＵＮＤは、原発の運転早期停止を求める理由の一つに、このことを挙げた。

脱原発時期の延長に対する国民の反対は緑の党支持に向かい、二〇一〇年十一月の世論調査では同党支持が二〇パーセントに達した。

◆福島事故で揺れるメルケル政権

全原発にストレステストを実施

メルケル政権の原発稼働期間の延長から三年後の二〇一一年三月十一日、福島第一原発が巨大地震・巨大津波に襲われて電源喪失に陥り、炉心溶融による水素爆発事故が発生した。事故発生のニュースに衝撃を受けたメルケル首相は、「日本のような高い技術を持つ国でさえ、巨大な原発事

図①　2011年3月14日に宇宙衛星が写した福島第一原発水素爆発事故発生時の写真。（AFP＝時事／DIGITALGLOBE）

故が起きた」と発言した。福島の巨大事故は国の原発規制当局と東電が地震・津波対策を疎かにしてきた人災の性格が濃いのだが、この発言はメルケル首相が日本の原発のずさんな安全対策の実態をよく知らないまま、原発への自らの思いを語った言葉のように思われる。

事故翌日の十二日、シュトゥットガルトで参加者約六万人の原発反対デモが起こった。十四日、メルケル首相は「フクシマの事故は科学的に起きないと考えられていたことが起こり得ることを示した。事故以前と事故以後では、まったく違う状況になった」と言い、原発稼動延長政策の三カ月間凍結を決めた。この日、ドイツで実施された世論調査では「すべての原発を直ちに止めるべきだ」という意見と「五年以内に止めるべきだ」とする意見の合計は六三パーセントに達した。

十五日、メルケル首相は稼動中の原発一七基のうち一九八〇年以前に稼働を開始し、老朽化している七基と二〇〇七年の火災事故以来、停止されている一基、合わせて八基の運転を三カ月間にわたって停止することとした。

稼働がストップされた八基の原発はドイツ環境・自然保護連盟(BUND)が二〇〇八年に「今すぐに運転を停止しなければならない(危険な)原発」として停止を求めた危険な原発と同じものだった。八基の原発の運転停止によって、ドイツの一時間当たりの電力生産量は平均約三五〇万キロワットから二五〇万キロワットにダウンした[2]。

福島第一原発事故の後、大規模な反原発のデモや集会がドイツの主要都市で自然発生的に繰り広げられた。その参加者数は三月十二日の約六万人(シュトゥットガルト)、四月二十五日の一二万人(全国約六〇カ所の反原発集会の合計数)、五月二十八日の十数万人(ベルリン二万五〇〇〇人、ハンブルク一万五〇〇〇人など主要二一都市)と多数であった(図②参照)。

ドイツから遠く離れた極東日本の原発事故はドイツ国内の放射能汚染被害とは関係がないだろう。それなのに、なぜこれほどまで過敏に反応したのか。デモに参加した人びとは「原発はフクシマのような事故を起こすもの。危険な原発はできるだけ早く廃止すべきなのだ。二〇一〇年に延長した脱原発時期を元に戻せ」という強い思いを一様に抱いていた。ドイツの全原発の即時停止を求める決議を採択した集会も少なくなかった。デモや集会はドイツの大半の人びとが日頃、原発に対して抱いている強い警戒心や不安が止むにやまれず、噴き出し、爆発した格好であった。それは脱

図② 「誰が福島の責任を取れるのか」と書いたプラカードを持って行進するデモの参加者。2011 年 3 月 26 日、ベルリンのポツダム広場で写す。（朝日新聞社提供）

原発期限を延長したメルケル政権に対する精一杯の異議申し立てに他ならなかった。

福島の事故に対するドイツの人びとの「過敏な」反応については、ドイツの報道週刊誌『シュピーゲル』の二〇一一年三月十四日号に「ドイツの歴史にとって、原子力ほど重要なテーマはない。核汚染の恐怖について、これほど過敏に反応する国は他にない。だからドイツでは緑の党という反核の党が設立され、政治システムに深く根を下ろすことになった」と書かれている。

三月二十五日の州連合（EU）首脳会議は福島第一原発事故を受けて、域内の原発一四三基についてストレステスト（包括的、透明性のあるリスクと安全性の評価）の実施を決定した。目的は欧州で同様の事故の発生防止に役立てるためである。

メルケル首相はEUの決定に基づき、同

日、原子炉安全委員会（ＲＳＫ）に対し稼動中の全原発（一七基）について、ストレステストを実施するよう要請した。原子炉安全委員会は一六人の委員からなる原子力技術者の専門集団で、この中には原子力・電力会社の関係者は含まれていない。

メルケル首相からストレステスト実施の指示を受けた原子炉安全委員会は、各電力会社に原子炉の耐久性などに関するデータの提出を求めるとともに、原発を持つ州の原子炉規制当局や原子炉の安全を担当する民間企業でつくっている原子炉安全協会の協力を得て原子炉の安全性が損なわれる恐れの有無を調査した。

この調査の対象とされたのは地震、洪水、停電、冷却システムの停止、航空機の墜落、ガス爆発、テロ攻撃、サイバー攻撃などである。調査は二カ月間に限定されていた。原子炉安全委員会は調査期間が短いため、現地調査を行なわず、提出された書類とコンピューターによるデータ処理を基に審査し、各原発の耐久性と取られている防護措置の程度を三〜四段階に区分した。

メルケル首相から助言を求められてから二カ月後の五月十四日、原子炉安全委員会は「日本の福島第一原発の事故を考慮に入れた、ドイツの原子力発電所の安全検査に関する見解」と題する報告書をまとめ、首相に提出した。報告書全体の要約では次のように書かれた。

①福島の原発事故で得られた知見を基に検証すると、ドイツの原発は停電と洪水に対して福島第一原発よりも高い安全措置が取られている。追加的な補強が施された原発では耐久性が強化されている。

②大型の旅客機の墜落に対して、最低限の耐久性を持つ原子炉は一つもなかった。フィリップ

スブルク原発は戦闘機の墜落に対して低度の耐久性を持つ。ウンターヴェーザー、イザー1号機、ネッカーヴェストハイム1号機の各原子炉は中型の旅客機の墜落にも耐えられる。

「ドイツの原発には高い耐久性がある」という内容の報告書の作成に関わったロルフ・ヴィーラント原子炉安全委員会委員長は記者会見で、過去に福島第一原発のある地域で強い地震や大きな津波があったことを指摘、「福島第一原発を襲った津波と地震は、予測できない事態ではなかった。巨大な地震や津波を想定して対策を取ってしかるべきだった」と日本の原発の安全対策の不備を批判した(3)。日本の原発の安全性については、ドイツの専門家も問題が少なくないことを認識していたのである。

ドイツなどEU加盟諸国が実施した原発のストレステストは、日本で福島第一原発事故後、止まった原発の再稼働を認めるかどうかを判断する前提条件として二〇一一年七月、日本の政府が導入し、実施した。

州首相に史上初の緑の党

二〇一一年三月二十六日、首都ベルリンを始めミュンヘン、ハンブルク、ケルンの四都市で合わせて二五万人(主催者発表)もの人びとがメルケル政権の原発運転年数延長政策の撤回を求めてデモを行なった。ベルリン中心部のポツダム広場では「誰が福島の責任を取れるのか」というスローガンが人目を引いた。

翌二十七日、バーデン・ヴュルテンベルク州議会の選挙が行なわれた。同州にはドイツにある

図③　緑の党の連邦議会選挙での得票率（1980年から2009年）

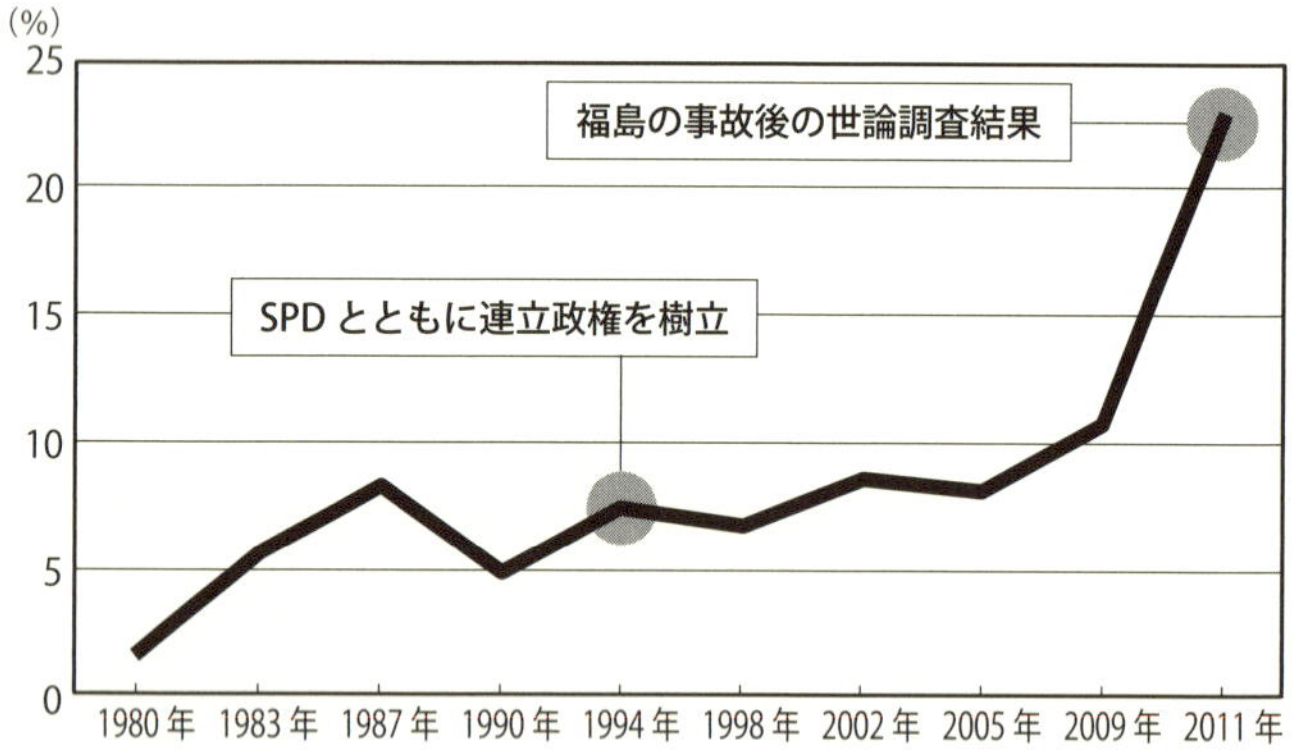

出所：ドイツ連邦選挙管理委員会。2011年4月の数字は、アレンスバッハ世論調査研究所のアンケート結果。
熊谷徹『なぜメルケルは「転向」したのか―ドイツ原子力四〇年戦争の真実』（日経BP社、2012年）77頁。

一七基の原発中、四基があり、原発問題が選挙戦の争点となった。

投票の結果、緑の党が二〇〇六年の前回選挙の得票一一・七パーセントと比べて二倍以上の二四・二パーセントを獲得して躍進した。社会民主党が前回選挙より二ポイント減の二三・一パーセント、キリスト教民主・社会同盟は五ポイント近く得票を減らして三九・〇パーセントだった（図③参照）。

これによって、緑の党は原発に反対する社会民主党と連立政権を組み、首相には緑の党のヴィンフリート・クレッチュマンが就任した。緑の党の州首相就任はドイツ史上、初めてである。クレッチュマンは首相就任後、再生可能エネルギーによる電力を増やし、州の電力消費量の中に占める比率を高める方針を明らかにした。

緑の党に投票した有権者は、前回選挙の四六万人から二・六倍増の一二〇万人に増えたのに対し、過去五十八年間、政権を握ってきたキリスト教民主・

社会同盟は政権の座から追い落とされ、自由民主党は得票率が半減して州与党から転落した。アンゲラ・メルケル首相はキリスト教民主・社会同盟の敗北について「福島原発の大事故をめぐる議論が敗因となったのは明らかだ」と語った。

またラインラント・プファルツ州議会選挙でも、緑の党が得票率を増やし、社会民主党とともに連立政権に加わった。自由民主党党首のヴェスターヴェレ外相兼首相は州議会選挙に大敗した責任を取って辞任した。

原発問題倫理委員会の設置

四月二十五日、メルケル政権の原発運転年数延長政策への反対を訴える反原発集会が全国約六〇カ所で開かれ、延べ一二万人が参加した。五月二十八日には主要二一都市でデモが行なわれ、すべての原発の即時閉鎖などを訴えた。首都のベルリンでは二万五〇〇〇人、ハンブルクでは一万五〇〇〇人がデモに参加した。

図④ テプファー倫理委員会委員長（元環境相）（筆者写す）

脱原発世論が高まり、州議会選挙で与党の敗北が続く中、メルケル首相は四月四日、首相の諮問機関として「安全なエネルギー供給のための倫理委員会」を設置した。委員会のメンバーはクラウス・テプファー元連邦環境相（委員長、図④参照）、ミランダ・A・シュラーズ・ベルリン自由大学教授など一七人。メルケルは諮問・答申という手順を踏んで原発問題についての議論を深め、その結論に基づいて新たな原発政策を打ち出すことを狙ったのである。

テプファー委員長は一九八七年から九三年まで環境相、その後、一九九八年から二〇〇六年まで国連の環境相とも言うべき国連環境計画（ＵＮＥＰ）事務局長を務めた経歴を持つ。彼は保守政権の閣僚時代から現在に至るまで一貫して反原発を主張しており、「私たちは核エネルギーなしに未来を創造しなければならない」が持論である。

倫理委員会への諮問について、ＢＵＮＤは、「事故発生の危険性のある原発の稼働自体、倫理的に許されないことだ。倫理委員会を設置して改めて検討するまでもなく、倫理的に考えなければならないことである」と批判した[4]。

委員会は四月初め、次の二点を中心に議論を開始した。

①原発には事故発生のリスクが他のどんなエネルギーよりも大きい。事故があった場合、その影響は世界的規模になる。

②原発から排出される放射性廃棄物の放射能は何世代にもわたって残る。

さらに倫理的な論点が五つ掲げられた。

一つ目は、再生可能エネルギー拡大対策のために電気料金が上がって貧しい人が電気を使えなくなるような事態をさけること。

二つ目は、ドイツの輸出や産業競争力を損なわずに脱原発を実行できるようにすること。

三つ目は、温室効果ガスの排出を増やさずに脱原発を実現すること。

四つ目は、脱原発によってドイツが電力の輸入国になって原子力による電気を買うことがないようにすること。

五つ目は、電力網を不安定にしたり、市民生活や産業に深刻な影響が出る停電を引き起こすことなく、脱原発を実現することである。

倫理委員会はこれらの五点を考慮した上で「ドイツにおけるエネルギー転換〜未来のための共同作業」と題する次のような内容の報告書（四八ページ）を作成、五月三十日、メルケル首相に提出した。

①環境、経済、社会上の問題を両立させながら、現在の原子力発電所の発電能力を原子力よりリスクの少ないエネルギー源に代替ができき次第、できるだけ早く原子力発電所の使用を停止するべきである。ドイツはよりリスクの低いテクノロジーで原子力エネルギーを代替できる。全政党が支持するならば、原子力エネルギーからの撤退はドイツにとって大きな成功になるだろう。十年以内、つまり二〇二一年までに原発を全廃するよう提案する。

②ドイツ政府は二〇一〇年十月、「エネルギーと環境問題プログラム」で、二酸化炭素の排出量を二〇五〇年までに一九九〇年比で八〇パーセント削減する目標を設定した。この目標は原発を廃止しても変えるべきではない。今世紀半ばにこの目標を達成するためには、核エネルギーから撤退するための基礎づくりを十年以内に終える必要がある。ドイツにおける二酸化炭素の排出量は二〇一〇年に前年比四・八パーセント増加した。目標の達成には排出削減のペースを劇的に加速しなければならないことになる。

③今後、地熱エネルギー、潮力、波力を電力生産に利用するための技術開発に力を入れることによって、社会的かつエコロジカルな改革を起こしていける可能性がある。太陽熱エネルギーの利用にも巨大な機会が存在している。中長期的にはエネルギー投資の面で南欧やアフリカとの協力ができるだろう。特にアフリカには大きな開発可能性をもたらすものと思われる。この点で「デザーテック（DESERTEC）」のプロジェクト（二〇四〜二〇六ページ参照）は重要な第一歩である。

④我々はキリスト教の伝統とヨーロッパ文化の特性に基づき、将来世代のために自然環境を保護するという特別な義務と責任を持っている。福島の事故は技術的なリスク評価に限界のあることを示し、原子力エネルギーが人類の制御できないテクノロジーであるという疑念を抱かせた。将来に対する負の遺産である、このようなテクノロジーを子どもたちに引き継いではならない。

白紙に戻された脱原発時期の延長

この時期、週刊報道雑誌『シュピーゲル』に掲載された緊急世論調査の結果によると、脱原発を求める市民は七一パーセントに達した。政党の動向を見ると、キリスト教民主・社会同盟を除き、左翼党から自由民主党までが事実上、「脱原発」の一点で組織された一大連立政権の観があった。首相メルケルの取り得る政策は絞り込まれてきた。

二〇一一年五月二十二日、メルケルは二〇二二年までに原発を全廃する方針を発表、二十九日午後、連立与党のキリスト教民主同盟、姉妹政党のキリスト教社会同盟、連立相手の自由民主党の幹部がメルケルの原発政策について協議を開始した。この時点で、保守政党のキリスト教民主同盟と自由民主党の両党がいずれも脱原発に方針転換した。

三十日未明、連立与党は電力供給の二三パーセントを担っている一七基の原発のうち一四基は二〇二一年までに段階的に廃止し、残りの三基は代替エネルギー源の確保が間に合わない場合に備えて運転を一年延長、遅くとも二〇二二年までに全廃することについて正式に合意した（図⑤参照）。

メルケル首相は倫理委員会の提言の一週間後に当たる六月六日、原発の全廃を盛り込んだ原子力法改正案を閣議決定した。メルケル政権は原子炉の最終稼働年月日を倫理委員会の提言より一年遅い、二〇二二年十二月三十一日とした。これ以外は、おおむね倫理委員会の提言をそのまま受け入れた。

稼動中の一七基の原発を段階的に廃止していけば、電力生産に不足が生じる。不足分は再生可能エネルギーによって補わなければならない。再生可能エネルギーの普及は不足する電力生産の肩代わりと二酸化炭素の排出量削減対策という二つの重要な役割がある。レスラー連邦経済相は、これについて、次の四つの施策を実施する計画を明らかにした。

①連邦政府は二〇二二年までに原子力エネルギーの利用を廃止し、再生可能エネルギーをさらに強力に拡張する。

②原子炉の安全、供給の安定、支払い可能なエネルギー価格の三つを指針に立法を行なう。供給の安定については、出来る限り早い段階で代替の供給設備を用意しなければならない。

図⑤　2022年までの停止が決まったドイツの17原発

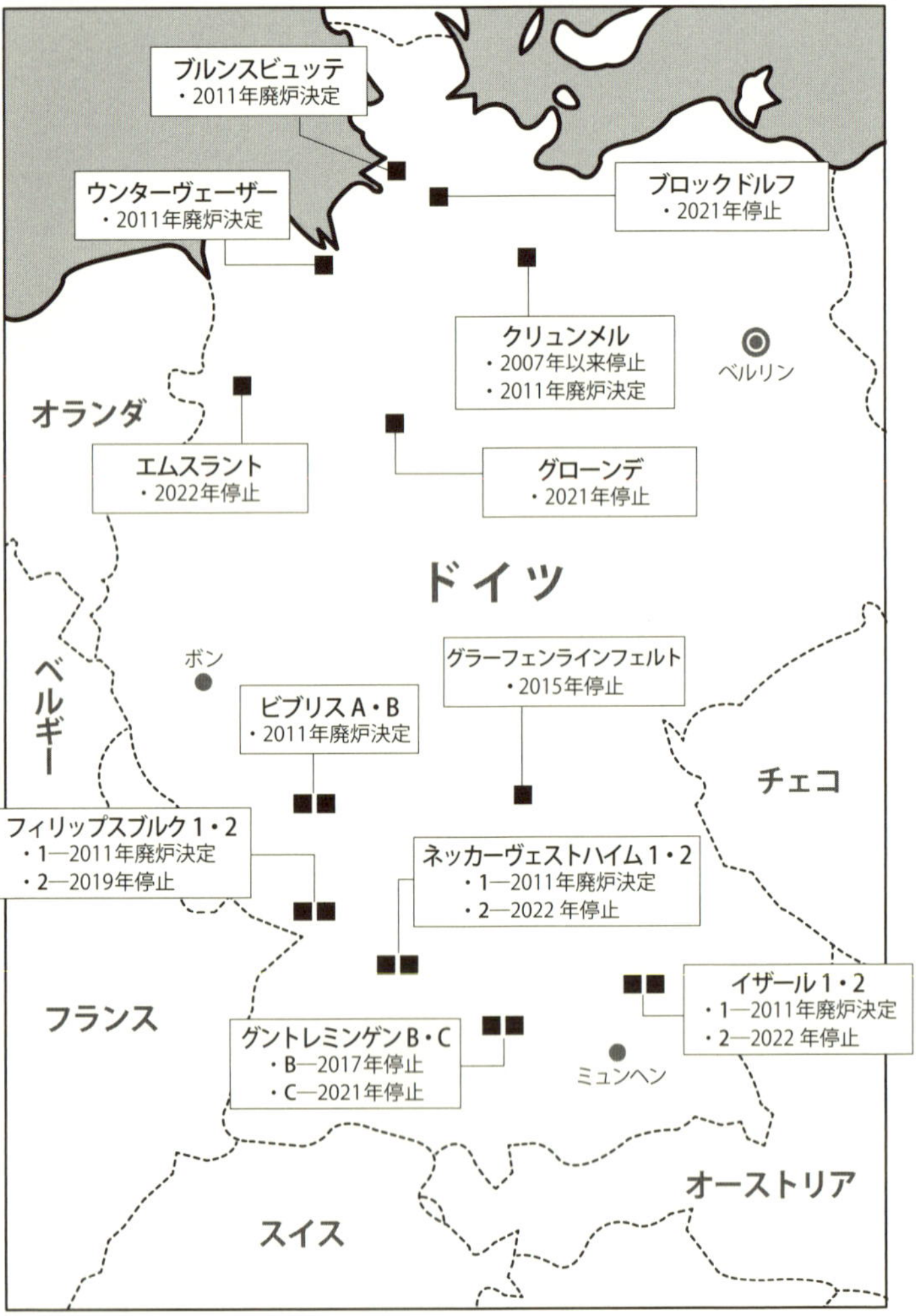

注）図中の17基は2011年3月11日現在、稼動中ないし停止中だった。

③再生可能エネルギーのさらなる拡張の他に、計画を加速させる法律の策定により、化石燃料を用いた新しい発電所の設置を急ぐ。

④二〇二二年までに再生可能エネルギーを拡張させるため、政府は送電網の拡張を迅速に進めるための対策を用意している。送電網の計画・建設に、これまで十年かかっていたものを、四年に短縮し、二〇一二年の春までに送電網の安定を可能にすることを目指している。

緑の党は、この頃、「二〇一七年までの脱原発」を主張していた。政府提案の脱原発時期との間には五年のズレがある。緑の党がこのズレに固執して政府提案に反対すれば、持論の脱原発そのものに反対することになるというジレンマがあった緑の党は悩んだ末、六月二十五日の党大会で政府案に賛成する方針を決定した。

六月三十日、脱原発を定める原子力法改正法案の採決では、左派党が「脱原発の時期が遅すぎる」「脱原発をドイツの憲法である連邦基本法に明記するべきだ」などと主張して反対したほかはすべての政党が賛成して連邦議会を通過（図⑥参照）、七月八日に連邦参議院で可決成立した。ドイツの原発政策は曲折の後、「二〇二二年までの全原発廃止」という十年前の姿に戻った。

二〇二二年までの全原発廃止には例外がある。代替エネルギーが予定どおり進まなかった場合、ドイツは深刻なエネルギー不足に陥る。そんな事態に備えて、三基だけ例外として翌二〇二三年まで運転することを認めた。この例外の三基の廃止を含めれば、完全な脱原発は二〇二三年となる。

ドイツの脱原発は社会民主党・緑の党の連立政権が二〇〇〇年に「二〇二二年までの全原発廃止」を決定し、メルケル政権がいったん決めた脱原発時期の延長を福島原発事故後に白紙に戻した

図⑥　脱原発期限の延長政策を撤回、「2022年までの全原発廃止」を定めた法案の採決で賛成票を投じるメルケル首相。2011年6月30日、連邦議会で写す。（ＡＦＰ＝時事）

ことによって確定した。この脱原発政策は、コール政権が一九八七年に着手し、以後十一年にわたって推進してきた再生可能エネルギー普及対策が順調に進展した実績があって初めて実現することができたものである。

ドイツでは、これを受けてドイツ・エネルギー水道事業連合会（原子力事業会社などの業界団体。日本の電気事業連合会に当たる）が脱原発に賛同し、唯一の原発メーカーであるシーメンスが原子力事業からの撤退を決断した。シーメンスは一九七〇年代からすべての原発を建設してきた大手メーカーである。そのシーメンスの原発建設からの撤退はドイツにおける「原発の時代」の終焉を物語っていた。ただ八基の原発の即時稼働停止は何の事前協議も準備もないまま、決定されたために、原発事業会社二社が連邦政府に対し総額一五〇億ユーロ（約二〇〇億ユーロ）の損害賠償を請求する訴訟を起こした。

原発事故から撤退したシーメンスは再生可能エネルギー関連機器のメーカーとして急ピッチで事業を拡大している。

◆太陽光発電の躍進で電気料金が上昇

電気料金に上乗せされる電力会社負担金

ドイツが二〇〇〇年四月に施行した再生可能エネルギー法によって生産された再生可能エネルギーの電力を電力会社が発電開始時の固定価格で二十年間、買い取る制度を導入したために、発電事業への参入者が激増したことは先に述べた。二〇〇七年頃からドイツでは住宅の屋根や屋上、空き地などに太陽光発電パネルを取り付ける企業や個人が急増した。太陽光発電は政府の想定をはるかに上回るレベルで拡大し、ドイツの太陽光発電設備の設置導入量は二〇一〇年末現在、約一万七〇〇〇メガワットに増えた。その結果、送電系統に接続された太陽光発電の容量はドイツが世界一となり、太陽光発電産業は一大産業に発展した（図⑦参照）。

しかし、太陽光発電の普及は新たな問題を引き起こした。この固定価格買取り制度のもとでは、電力会社が買い取る固定価格と市場価格の差額を電力会社が負担金（賦課金）として電気料金に全

図⑦　ドイツの太陽光発電容量の推移

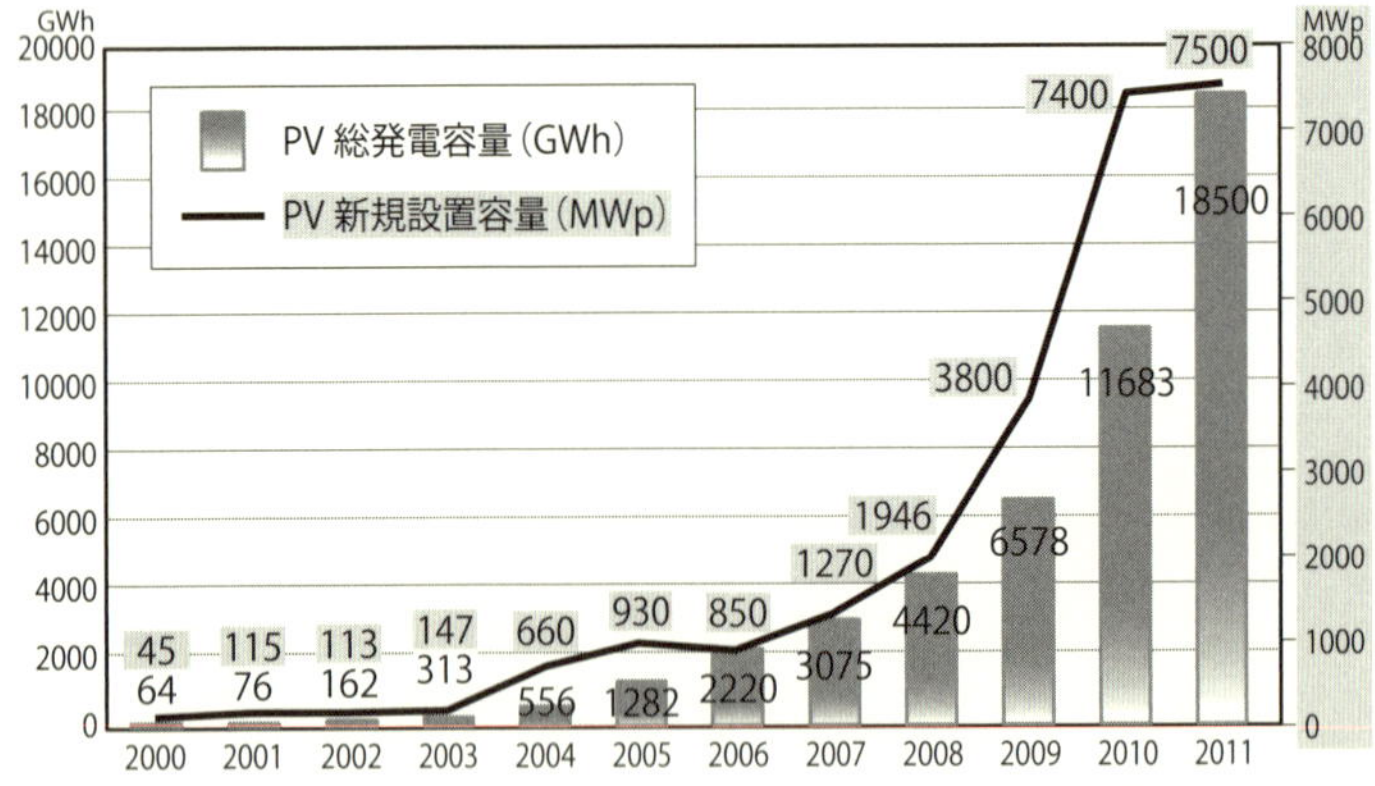

出所：ドイツ環境省資料（2011 年）

額、上乗せされる。太陽光発電は設置する発電パネルの価格が高いために、固定価格と市場価格の差額が大きく、風力発電よりも電気料金を大きく押し上げる。このため再生可能エネルギーによる発電量の急増に伴い、消費者が払う電気代も高くなるという問題が生じたのである。

固定価格買い取り制度が導入された二〇〇〇年に一パーセントだった消費者の負担は二〇一二年には一〇パーセントを超え、これが電気料金を押し上げる要因となった。二〇一二年時点のドイツの一般家庭の電気料金は日本円換算で一キロワット時当たり二五円。このうち再生可能エネルギー費用の負担額は同三・七円。一般家庭一戸当たりの月額負担額は平均約一〇〇〇円である。太陽光発電買取りのために負担している金額は、一戸当たり日本円換算で年間平均、七万五九九五円、月額六三三三円と

図⑧　家庭用電気料金の国際比較

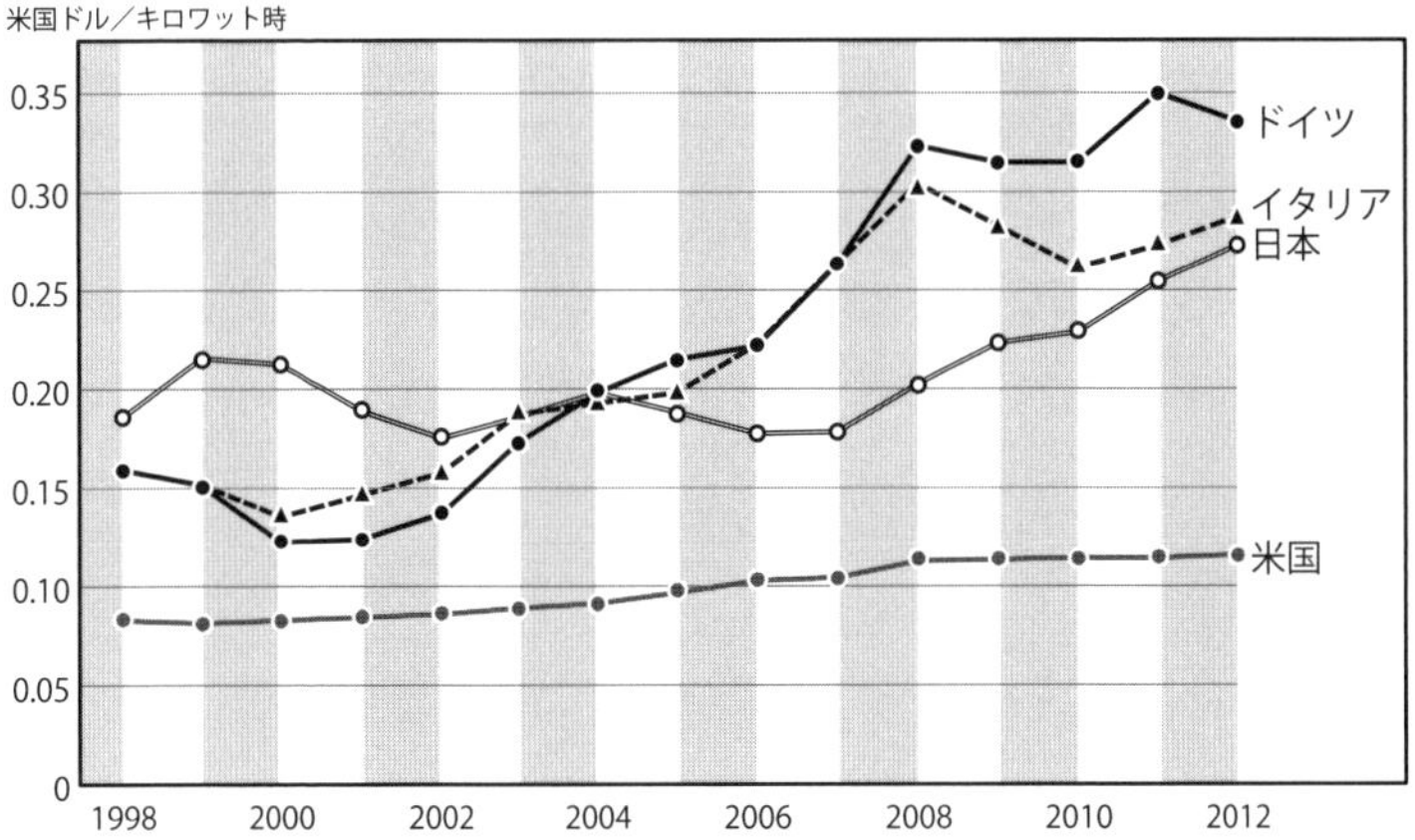

出所：経済開発協力機構 (OECD) ／国際原子力機関 (IEA)、Energy　Prices and Taxes, Jan. 2013

言われる。

太陽電池パネルの価格は近年の大量受注・大量生産によって、大幅に低下した。二〇一一年に投資家が太陽光発電の業界に参入し、二〇一一年に設置された太陽電池パネルの総量は前年に連邦環境省が想定していた量の二～三倍に増加し、二〇一一年には太陽光発電設備の導入量が七五〇〇万キロワットになった。ただし、中国製パネルの方がドイツ製よりも一割から二割安いとあって、中国製がドイツ市場の七割強を占めるまでにシェアを伸ばしている[5]。

太陽光発電によって生産された電力がドイツの再生可能エネルギー全体に占める割合は二〇一一年の場合、一五・六パーセント、全発電量のわずか三パーセントにすぎない。しかし、固定価格による太陽光発電の買取り費用の総額はドイツの再生可能エネルギー全体の四六パーセントに膨れ上がっている。

二〇一二年に買取り価格引下げ

電気料金の上昇に対してはメーカーと消費者の双方から苦情が出た。電力を大量に消費する大手メーカーは「電気料金が高騰し、製造業は経営が苦しくなる」として、固定価格買い取り制度の見直しを求めた。連邦政府は、電力を大量に使用する鉄鋼業など一部業種の大企業には年間で一ギガワット時以上使うと、電気料金上昇分（負担金）を九割引き、一〇ギガワット時以上使うと、九九パーセント割引きにした。これによって電力を大量に使用する大手企業の不満は解消した。

消費者の電気料金の値上がりに対する苦情に対し、ドイツ経済産業省は二〇一二年四月、次のようなコスト低減措置を取った。

①住宅の屋根に発電パネルを取り付ける場合の買取り価格を従来と比べて二〜三割引き下げ、その後も毎年前年比九パーセントずつ価格を引き下げる。具体的な引き下げ額は一キロワット当たり日本円に換算して約二六・五円から約二一円に約二〇パーセント、規模がより大きい場合には同二四〜二九パーセント、それぞれ引き下げる。

②住宅の屋根などに太陽光パネルを設置する場合の補助金を一律一五パーセント、農地にパネルを設置する場合の補助金を六月一日から二五パーセント、それぞれ削減する。

③年間の新規導入量を二五〇〇〜三〇〇〇万キロワットとし、五二〇〇万キロワットに到達した時点で買取りを終える。太陽電池で発電した電力の買取り量を従来の全量から発電量の八五〜九〇パーセントに制限する。

バーデン・ヴュルテンベルク州環境省は今後の見通しに関する研究を、エネルギー経済の研究で名高いライプツィヒ・エネルギー研究所に委託した。その結果、同研究所は「再生可能エネルギー発電の設備投資のために電気料金の値上がりは避けられないが、一般世帯向け電力料金の二〇一一～二〇二〇年の値上げ幅は二〇〇二～二〇一〇年の間の値上げ幅と比べると、はるかに小さい」との結論を同省に報告した。

「電気代が多少上がっても脱原発望む」

先に述べたとおり、再生可能エネルギーによる発電が普及しているために、電力料金が上昇した。二〇一一年九月の世論調査の結果によれば、九四パーセントの人びとが「再生可能エネルギーの一層の普及が重要である」と回答し、ほぼ八〇パーセントの人びとが「再生可能エネルギーの普及による電力料金への上乗せ額は適している」と答えた。

ドイツの人びとは環境教育の影響もあり、環境保全意識が高いうえに、四十年近い原発反対運動の歴史を経験している。このため原発事故による放射能汚染の危険性や原発から出る高濃度放射性廃棄物処分の困難性について、よく認識している。ドイツ人の五人のうち四人までが「脱原発のためなら電力料金が多少、高くなっても容認しよう」という考え方ができるのは、そのためだろう。

太陽光発電は電気料金の上昇をもたらすとして、再生可能エネルギーの中ではネガティブな役割をしていると受け止められがちだが、実際には有望である。というのも、大量生産による太陽光パネルの製造コストの低下や発電効率の向上などから、今後発電量が増加し、買取り価格がさらに引き下げられれば、二〇三〇年には再生可能エネルギー電力の一八パーセントにまで達すると見込まれているのだ。

◆アフリカに再生可能エネルギー支援

モロッコに大規模太陽熱発電所を計画

北アフリカに太陽熱発電所を建設、中東(北アフリカと西南アジア)の一部を電化するとともに、地中海に大容量ケーブル(高圧電力送電網)を敷設して欧州への電力の安定供給を目指す壮大な電力生産・供給プロジェクト「DESERTEC」(デザーテック。砂漠の技術という意味の造語)が二〇〇九年七月、ドイツの大手企業一二社によってスタートした。

この構想を最初に発案したのは世界の有識者で組織するシンクタンク、ローマ・クラブのドイツ支部(本拠地・チューリッヒ)。二〇〇三年、ドイツ連邦環境・自然保護・原子炉安全相のユルゲン・トリッティン(緑の党)がドイツ航空宇宙センター(DLR)にこの構想の科学的な検討を依頼、DLRが〇五年に「強い日射量を有する北アフリカと中東の発電の潜在力は世界全体の電力需要をはるかに超えている」という内容の報告書「地中海の太陽熱発電」をまとめた。

太陽熱発電はパネルを使って太陽の光を直接電力に変換する太陽光発電とは異なり、鏡で反射した光で水を沸騰させ、タービンを回して発電する。サハラ砂漠のように日差しが強く、雨がごく少ない地域での大規模発電に向いている。電力を貯めやすいので、太陽光を得られない夜間には燃料を燃焼させて発電するハイブリッド方式も可能という長所がある。

このプロジェクトに参加したのは再保険業界の世界的な大手、ミュンヘン再保険や発電施設や優れた送電技術を持つ総合電機会社シーメンス、電力会社ＲＷＥ、ドイツ銀行などドイツ経済界を代表する大手企業一二社。関係企業は、このプロジェクトでエジプトからモロッコの砂漠に風力発電を展開するほか、水不足時代の到来に備えて生産した電力で海水を淡水化し、飲料水などの水供給プロジェクトも実施したい考えだ。

地球温暖化で北アフリカ・中東の水不足は今後、一層深刻化すると見られている。人は水なしでは生きていけない。北アフリカからペルシャ湾岸にかけての「ＤＥＳＥＲＴＥＣ」による飲料水供給事業は、この地域の膨大な数の住民の命綱になる可能性があり、その成功に期待が集まっている。もちろん、電力の供給も、この地域の住民の生活向上に役立つだろう。今のところ、関係地域の政治家も地域住民も技術者も、この事業の目的に納得していると伝えられている。

太陽熱発電施設や高電圧送電網の敷設への投資は、二〇五〇年までに総額で四〇〇〇億ユーロ（約五一兆六〇〇〇億円）にのぼる見通しである。二〇五〇年までに供給する電力で欧州の電力需要の一五パーセントを満たし、欧州の電力輸入依存を現在の七〇パーセントから四五パーセントにまで削減できる見込みである。このプロジェクトが成功するという保証はまだ得られてはいないが、ドイツでは脱原発に伴う代替エネルギーの供給が議論されている中、新たな電力供給計画に人びとの関心が集まっている。

メルケル首相に脱原発を提言した倫理委員会も、二〇一一年五月、北アフリカ・中東地域で計画が進められている「DESERTEC」について、報告書の中で「太陽エネルギー開発の重要な一歩」と位置づけ、アフリカへの協力の意義も指摘している。

セネガルに太陽電池の支援

アフリカの国々の中には太陽電池の普及を農村電化の切り札にしようと計画している国がたくさんある。セネガルも、その一つ。セネガルでは、人びとが炊事の燃料をもっぱら薪に頼ってきた。薪はセネガルのエネルギー源の九三パーセントに達している。このため少なくなった森林が、さらに減少し、砂漠化が進行している。

森林消滅の危機に直面しているセネガル政府は一九九一年頃から先進国に対し、森林保全と砂漠化防止のために農村への太陽電池の無償援助を要請し、ドイツ、フランス、ベルギー、スペイン、米国、イタリアがこれに応じた。先進国の多くが性能の優れた日本製の太陽電池を購入、それをセネガルに無償援助している。

ドイツは一九九六年からセネガルに事務所を構えて二〇人のスタッフを常駐させ、農村の電化を始め地下水ポンプや診療所の電化など自国製太陽電池を使った一八のプロジェクトを進めてきた。ドイツがアフリカへの太陽電池支援で、最も力を入れているのが農村の電化である。

一九九九年には首都ダカールから一五〇キロメートルの人口二一四人の農村で五六〇枚の太陽電池を取り付け、発電した電力をいったんバッテリーに蓄えたのち、村へ送るシステムをつくった。このために一台一〇万円のバッテリーを一五〇台配置した。この村の電化だけでドイツは一億円を費やした。これまでに投入した援助総額は日本円に換算して二〇億円を超えている。

ドイツは農村に整備した太陽電池やバッテリーの修理技術の習得、電気の使用量に応じた料金徴収など太陽電池の維持管理に、現地住民の責任を持たせることにも力を入れた。その結果、この農村の全家庭に送られてくる電力で電球二個と白黒テレビ一台を取り付けることができるようになっている。セネガルへのドイツの太陽電池援助額は先進諸国の援助総額の約半分にのぼっている。

一方、日本は性能の優れた太陽電池を生産し、太陽電池の輸出量も世界のトップクラスであるにもかかわらず、「農村の電化はコストがかかる」という理由で、途上国の無償援助にはほとんど応じてこなかった。

◆ドイツが原発ゴミ最終処分場探しに本腰

「二〇三一年・処分地決定」で四党合意

全原発を二〇二二年までに廃止する政策を決定した後、ドイツに残された最大の課題は原発の運転で増え続ける高レベル放射性廃棄物最終処分施設の立地場所をできるだけ早期に決定し、処理を開始することである。

二〇〇〇年六月、社会民主党と緑の党の連立政権（シュレーダー首相）が原発の運転で増え続ける高レベル放射性物質はドイツも日本と同様に、原発敷地内または、その近くに中間貯蔵施設を設置して貯蔵することを義務付けた。二〇〇五年九月の連邦議会選挙でキリスト教民主・社会同盟、社会民主党の大連立政権が樹立された際、各政権与党が「放射性廃棄物は早急に解決する必要がある」という合意を成立させた。

ゴアレーベンにある放射性廃棄物の中間貯蔵施設には、英国のセラフィールドとフランスのラ・アーグの再処理施設から高レベル核廃棄物（ガラス固化体）がキャスクで運ばれてくる。そのたびに反原発派の激しい闘争が繰り返され、警備の警官隊との間の衝突が市街戦のような様相を呈する。このような事態が起こらないように、早く放射性廃棄物の最終処分場をつくって最終処理ができるようにする必要があるというのが、この合意の背景にある。

高レベル放射性廃棄物最終処分場の候補地探しについては、二〇一一年十一月、レットゲン環境相が「ゴアレーベンに建設する計画を白紙に戻し、改めてドイツ全土から最終処分場の候補地を選定し直す」と発表した。高レベル放射性廃棄物の最終処分施設は、まだどの国も持っておらず、最終処分施設建設の具体的な場所をこれまでに決定することができた国はフィンランド、スウェーデン、フランスの三カ国だけである。

では最終処分場で地層処分される放射性廃棄物の量は、どのくらいあるのだろうか。稼働中の原発は二〇一二年一月時点で八カ所で、原子炉は九基、発電設備容量は約一二〇〇万キロワットである。現メルケル政権が全原子炉の廃止期限と最終決定した二〇二二年までに、これらの原発から発生し、最終処分の対象となる放射性廃棄物は推定約二万九〇〇〇立方メートルと試算されている。

ドイツが二〇二二年までの原発の段階的廃止を最終的に決定した二〇一一年六月以降、原発ゴミの最終処分が急ぐべき政策課題になると、最終処分施設に最も適した場所を早期に探す必要があるという考え方が広まった。放射性廃棄物の具体的な最終処分地探しの機運をさらに促したのが、福島第一原発事故後、ドイツの歴史上、初めて緑の党が州首相のポストを得たバーデン・ヴュルテンベルク州のヴィンフリート・クレッチュマン首相である。クレッチュマン首相は「バーデン・ヴュルテンベルク州の粘土層も放射性廃棄物の最終貯蔵施設の候補地の一つと考えられる」と踏み込んだ発言をした。

ドイツ連邦政府や州政府代表、主要四党代表など超党派の政治家たちが高レベル放射性廃棄物最終処分場の早期建設を求める機運の高まりに応えて、二〇一三年四月九日、ニーダーザクセン州のベルリン代表部で最終処分施設立地場所の決定時期や立地場所選定の進め方などについて協議した。

この協議に参加したのは、アルトマイヤー連邦環境相（キリスト教民主同盟）、ニーダーザクセン州のヴァイル首相（社会民主党）、バーデン・ヴュルテンベルク州のクレッチュマン首相（緑の党）、それに連邦議会の四党派の代表、キリスト教民主・社会同盟や自由民主党の環境問題担当の政治家、社会民主党の代表や緑の党のトゥリッティン議員団団長（元連邦環境相）などである。

各党の政治家たちは放射性廃棄物の最終処分施設をめぐる問題について五時間半にわたって協議、その結果、次のような五点の具体的合意を見た。

①遅くとも二〇三一年までに放射性廃棄物最終処分施設建設の立地場所を決定する。

②そのために二四人からなる諮問委員会を設置し、この委員会が二〇一五年までに最終貯処分施

設の設置基準を設定する。委員は連邦議会代表と連邦参議院代表が各六人、学者四人、経営者、労働組合、教会などの代表八人。

③新たに設けられる監督官庁と連邦放射線防護庁はこの設置基準に基づいて数カ所の候補地を探し、予備調査を開始する。設置基準設定後の八年間に、候補地を二カ所に絞り込む。

④連邦議会は二〇二三年末までに数カ所の候補地を二カ所に絞り、地下採掘調査を行なう。

⑤以上のような内容を含む放射性廃棄物の最終処分施設を選定するための新たな法律は七月五日までに連邦議会と連邦参議院で審議、可決される見通しである。

新しく設けられる諮問委員会の委員長には、メルケル首相に二〇二二年までの段階的原発廃止を提言した倫理委員会の共同委員長を務めたテップファー元連邦環境相（元国連環境計画事務局長）などの名前が挙がっている。

協議の後、アルトマイヤー連邦環境相は「これで原子力時代最後の大きな争点が、超党派の合意で解決できることが明らかになった」と語った。しかし、この協議ではこれから英仏の再処理施設からドイツに戻ってくるキャスク二六基分の高レベル放射性廃棄物（ガラス固化体）をどこに保管するかについては合意に至らず、法案提示までに結論を出すことになった。戻ってくる放射性廃棄物をゴアレーベンには運び込まないこと、外国に保管しないことで協議参加者の意見が一致した。

反原発団体は、ゴアレーベンが最終処分施設の候補地から除外されなかったことに反対、協議に参加しなかった連邦議会の野党、左翼党や反核団体は、与野党、連邦と州政府代表の合意に反対を表明した。

ドイツは、この各党合意により、最終処分施設建設地の決定を目指して大きく一歩、踏み出したことになる。最大野党、社会民主党のガブリエル党首（元ニーダーザクセン州首相、元連邦環境相）は「これは放射性廃棄物の最終処分施設建設という重要なテーマを超えて、我々の民主主義、政治文化の成熟を見事に表している」と高く評価した。

最終処分施設の候補地探しは今後、岩塩層があるドイツ北部、粘土層のあるバーデン・ヴュルテンベルク州やバイエルン州（ドイツ南西部）、花崗岩のあるザクセン州やザクセン・アンハルト州（ドイツ東部）などから探されるものと見られる。その調査に要する費用は二〇億ユーロ（約二六〇〇億円）を超える見込みである。巨額の調査費を誰が負担するのか。早くも費用負担の問題が新たな争点になっている。候補地周辺住民の反対運動が起こることも予想される。

長年、先延ばしされてきた原発廃棄物の最終処分場探しの具体的な手順や工程表などについて各党の合意成立は画期的なことである。四月十日のドイツの多くの新聞は「最終処分施設探し、新規開始」とか、「最終処分施設に関する歴史的な妥協」といった見出しで、一面トップに記事を掲載した。南ドイツ新聞は解説の中で最終処分施設の場所探しのスタートが切られた意義を強調した。

フィンランド、スウェーデン、フランスの動向

二〇一三年四月の時点では、高レベル放射性廃棄物の最終処分施設を持っている国はない。フィンランド、スウェーデン、フランスの三カ国が最終処分施設建設の具体的な場所を決め、スウェーデンだけが工事を開始している状況だ。先述したとおり、ドイツは、この三カ国を追う格好で高レ

ベル放射性廃棄物の最終処分場探しに取り組み始めた。

スウェーデンは一九八〇年、国民投票で原発の是非を問い、条件付き賛成が六割、反対は四割。反対の主な理由が処分場の問題だった。二〇〇九年、スウェーデンは環境影響評価を経てエストハンマル自治体のフォスマルク村を処分候補地として選定した。二〇一一年、建設地の詳細特性調査を実施し、処分場の建設を開始した。二〇二二年に完成し、本格操業を開始する予定である。

フィンランドは電力の約三割を四基の原発で賄う原発推進国。隣国スウェーデンと連携して最終処分場計画を進め、二〇〇一年、オルキルオトを処分地に決定した。二〇一五年に着工、二〇二〇年に操業を開始する予定だ。

フランスは一九九七年にムーズ・オート＝マルサイトを再推移処分場の候補地に決め、調査を進めてきた。二〇二五年に地下深くの硬い岩盤にガラス固化体を地層処分する工事を開始する計画である。二〇〇六年に制定した法律（改正バタイユ法）では、少なくとも一〇〇年間は処分した放射性廃棄物をふたたび取り出せるようにする。

◆急拡大続くドイツの再生可能エネルギー

ドイツの風力発電は世界の一四パーセント

ドイツの再生可能エネルギーの中で、今後、洋上風力が主力となることが期待されている理由は、風の強い北海やバルト海に、太陽光発電に比べて、安いコストで大量に設備を建設できるためである。また同じ風力発電でも、風の強い北海やバルト海の洋上風車は陸上のそれの四倍近い発電が可能である（図⑨参照）。

ドイツの大手エネルギー企業、ＥｎＢＷ社が二〇一一年五月、バルト海沿岸地域で操業を開始した最初の洋上風力パーク「バルト1」は二一基の風力発電設備で、五万世帯分の消費量に相当する電力（年間一八五ギガワット、総発電容量は四三・三メガワット）を生産している。同社は、さらに、風力発電機八〇基からなる第二の洋上風力発電施設（三四万世帯の電力を賄う）を二〇一三年に稼働させる予定である。

図⑨　集中的に建設された風力発電機。ドイツでは近年、このような光景がよく見られるようになった。2011年11月写す。（「みどりの1KWh」提供）

ドイツの風力発電は主力の洋上発電を中心に、二〇一〇年時点で世界の風力発電の一三・八パーセントを担うまでに伸び、中国、米国に次いで世界第三位である。連邦政府は二〇二〇年までに北海やバルト海に洋上風力発電機を計二〇〇〇基設置し、二〇三〇年頃までの長期計画では約二万～二万五〇〇〇メガワットの洋上風力発電を計画している。

図⑩　ドイツの電力における再生可能エネルギーの割合

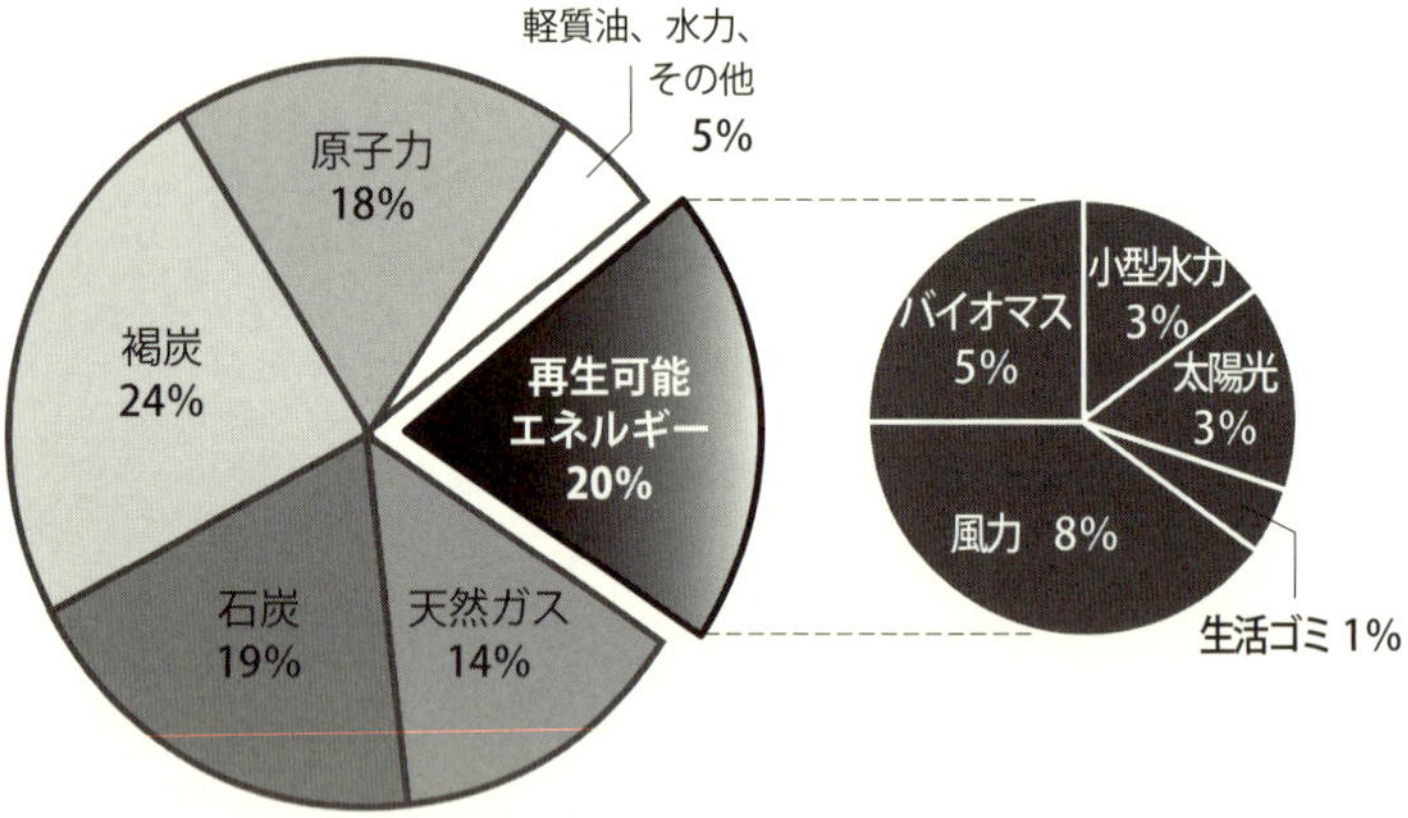

出所：Bundesverband der Energie- und Wasserwirtscaft, Foliensatz Zur Energie-Info ErneuerbareEnergien Und Das EEG: Zahlen, Fakten, Grafiken, 2011.

急速に変わるドイツの電源構成

　ドイツの再生可能エネルギー（利用形態は熱、電力、輸送用燃料）は二〇〇〇年から二〇一〇年までに二・八倍も増加し、最終エネルギー消費に占める割合は三・八パーセントから一〇・九パーセントに増えた。シュレーダー政権は風力、太陽、バイオマス、水力、地熱などの再生可能エネルギー資源から生産される電力のシェアを二〇〇一年から二〇一〇年までに一二・五パーセント増加させる計画を立てたが、この目標は期限三年前の二〇〇七年に達成された。

　電力について見ると、風力が三七パーセントで最も多く、次いで水力が二〇パーセント、バイオマスが一六パーセント、木質バイオマスが一一パーセント、太陽光が一一パーセントとなっている。ちなみに二〇一一年前期における再生可能エネルギー以外の発電量をエネルギー

図⑪　ドイツの再生可能エネルギーの推移

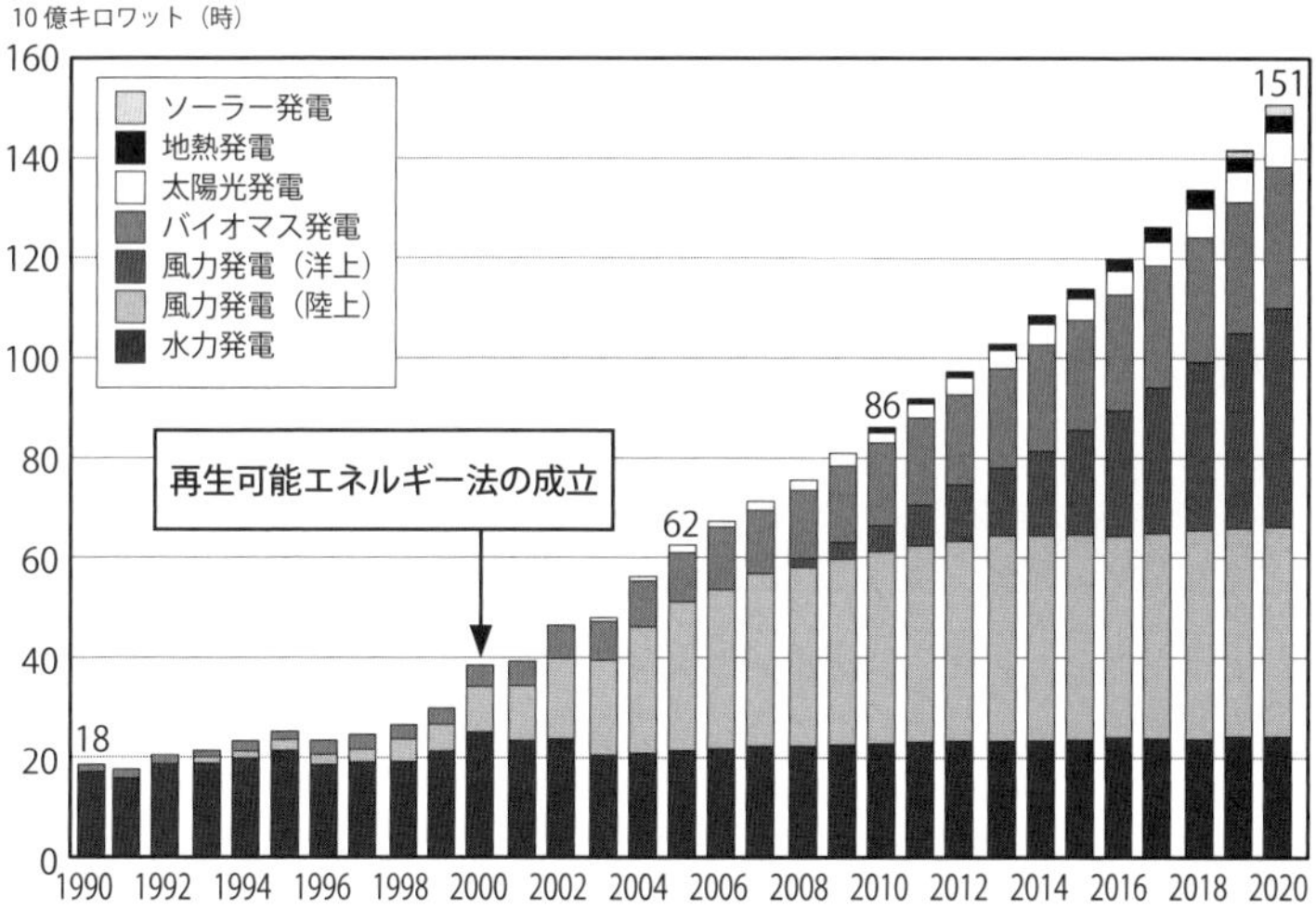

注）2011年以降は予測。

出所：ドイツ環境・自然保護連盟の資料。

源別に見ると、石炭四一パーセント、天然ガス一四パーセント、石油とその他五パーセントで、火力発電が全体の六〇パーセントを占めている。なお原発は二三パーセントである。

一方、熱利用の九割強がバイオマス、輸送用燃料の全部がバイオマス由来（バイオディーゼル七割、バイオエタノール三割）である。このことから、ドイツではバイオマスが再生可能エネルギーの中で非常に大きなウェイトを占めていることがわかる。

再生可能エネルギーが一九九〇年から今日まで、どのように増えたかを図⑪に掲げた。この図から再生可能エネルギーは生産された電力の買取りを電力会社に義務付けた固定価格買取り制度のお陰で、一九九一年からウナギのぼりで急

図⑫　ドイツの風力発電容量の推移

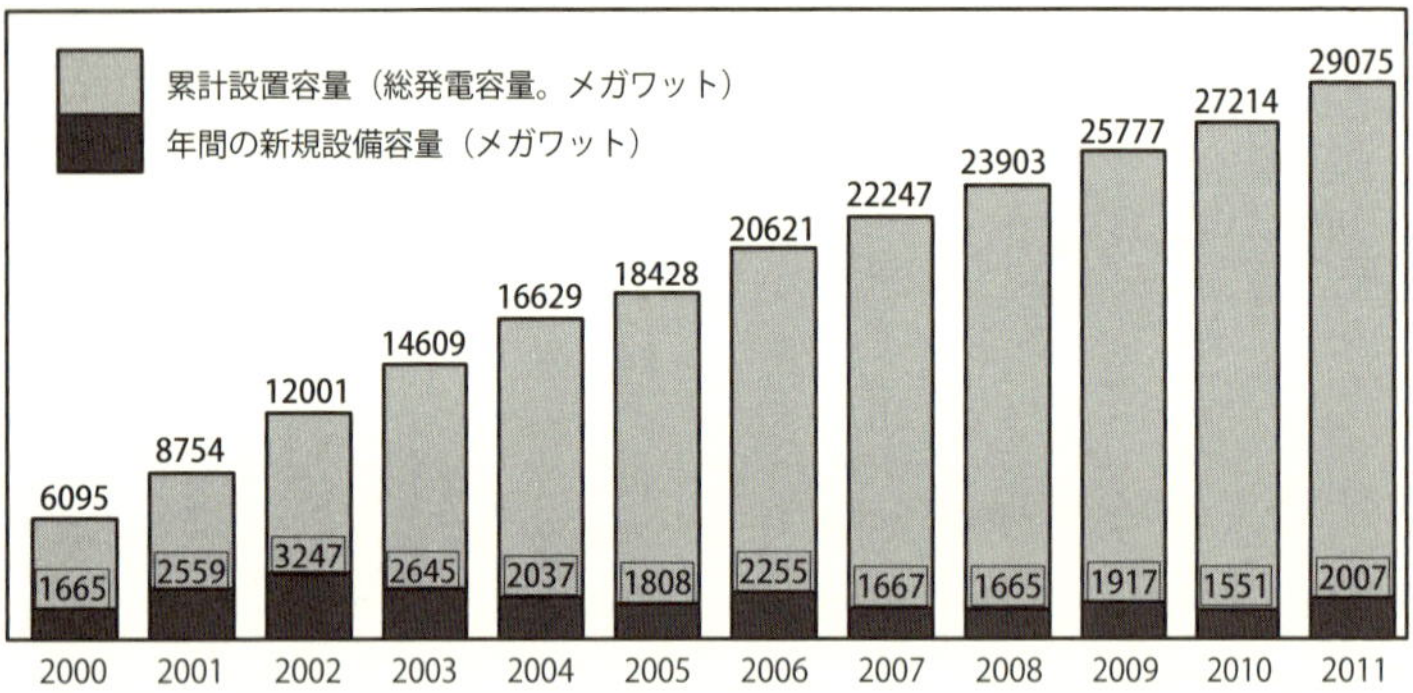

出所：ドイツ環境省の資料（2011 年）。

増、二〇一一年には原発による電力生産と、石炭による電力量をそれぞれ上回ったことがわかる。

ドイツは二〇三〇年までに電力消費の三分の二、熱消費の二割弱を再生可能エネルギーで賄う目標を立て、その達成に努めている。この目標達成の主力となることが期待されているのが、洋上風力である。陸上風力は二〇二〇年頃までは順調に伸びるが、それ以降は伸びが止まると予測され、それ以降は洋上風力の増加に期待がかけられている。洋上風力と陸上風力を合わせた風力発電の容量拡大の推移を示したのが図⑫である。

洋上風力は二〇二〇年に陸上風力の半分の規模に達した後、二〇三〇年までに陸上風力を追い抜いて、再生可能エネルギーの電力源の中で最大の規模となると見込まれている。

図⑪は、これまでの再生可能エネルギーの電源別拡大の推移と二〇二〇年までの予測を示したものである。この図からも、洋上風力のシェアの増加ぶりがわかる。そして洋上風力と陸上風力を合わせた風力発電容量の合計が二〇二〇年には再生可能エネルギー電力全体の約八割を担う見通しであることがわかる。二〇三〇年には、さらにシェアが大きくなるだろう。

再生可能エネルギーで燃料の水素生産

ドイツでは、再生可能エネルギーの拡大が進むにつれて、大量に発電した電力の貯蔵、すなわち蓄電する技術の開発が急務となった。この問題の解決に向けて、技術者たちは二酸化炭素を発生させないクリーンな燃料として利用できる水素に着目、研究開発を進めた。その結果、風力発電による余剰電力を使って水を電気分解し、水素を生産、その水素を自動車の燃料や燃料電池、モーター、ガスタービンなどとして蓄え、電力に変える仕組みと貯蔵技術の開発に成功、二〇一一年十月二十五日、世界で初めてそれを実用化した。

この画期的な技術開発により、国内の再生可能エネルギーから新たな燃料、水素を生産するプロジェクトが始まった。ドイツでは今、三年後の水素自動車の量産開始（二〇一五年に燃料電池車五〇〇〇台の普及を予想）に備えて、国内約一〇〇〇カ所をめどに水素ガス・スタンドが増設されつつあり、生産された水素が次々にオープンするスタンドに向けて輸送されている。

再生可能エネルギーから生産される水素は、大気汚染物質も二酸化炭素も排出しないクリーンなエネルギーであり、しかも国産である。石油価格が高騰している中、大量生産によって水素のコストが低下すれば、水素自動車はガソリン車やディーゼル車に代わって急速に普及すると見られている。また水素が燃料電池、モーター、ガスタービンなどのエネルギー源として普及すれば、ドイツは将来、高価な石油を輸入しなくとも済む時代を迎えることができるかもしれない。水素自動車の普及は二酸化炭素排出量の大幅な削減をもたらす。

風力発電の余剰電力を使って水素ガスを生産し、大量に発電した電力を貯蔵する新たな技術を開発したロストック大学のマティアス・ベラー教授（化学専攻）はライプニッツ賞を受賞した。

温室効果ガスを二〇五〇年に八割削減

ドイツの再生可能エネルギー拡大政策は、化石燃料の消費量を削減するもので、原発の代替エネルギーの拡大であると同時に地球温暖化防止対策でもある。

ドイツは一九九一年の「電力買取り義務付け法」の施行以来、原発代替エネルギーの拡大と地球温暖化防止の二つの課題の同時達成を基本目標に掲げ、その目標の実現に向けてひたすら取り組んできた。これは具体的に言えば、原発コストの増加を回避し、再生可能エネルギーを拡大して電力の低コスト化を目指す政策である。

京都議定書の第一約束期間である二〇〇八～二〇一二年におけるドイツの温室効果ガスの削減目標は一九九〇年比二一パーセント減らすことだったが、ドイツは早くも二〇〇九年にこの目標を達成した。二〇一〇年、ドイツはエネルギー政策の長期ロードマップ、「エネルギーコンセプト」を作成、その中で、温室効果ガスを二〇二〇年までに四〇パーセント、二〇三〇年までに五五パーセント、二〇四〇年までに七〇パーセント、二〇五〇年までに八〇～九五パーセント（いずれも一九九〇年比）、それぞれ削減する目標を設定した。

一九九八年に成立した社会民主党と緑の党の連立政権はエコロジー税制改革や環境保全と雇用の確保を同時に達成する二重の配当政策を導入、二〇〇〇年六月には国内一九基の原発を運転開始から平均三二年で全廃することで電力業界と合意した。ドイツは、それまで産業界の反対が強く、積極的な地球温暖化防止対策を進めることが困難だったが、一九九八年以降の相次ぐ大改革により、状況が大きく変わった。

環境政策やエネルギー政策を進めやすくなり、国家持続性戦略の策定（二〇〇二年）、EU域内二酸化炭素排出量取引制度への参加（二〇〇五年）、エネルギー・気候変動統合計画の策定（二〇〇七年）、エネルギーコンセプトの策定（二〇一〇年）と次々に革新的な措置が取られた。ドイツの環境政策の特長は環境の保全と経済の成長政策が統合されていることである。ドイツでは温室効果ガスを削減しながら同時に経済成長を続けるよう工夫されている。

ここで日本とドイツの地球温暖化防止対策、すなわち温室効果ガス排出量の削減対策を比べてみよう。

図⑬は京都議定書の温室効果ガス削減対策の基準年である一九九〇年を1として、日独の国内総生産と温室効果ガスの増減の推移を比較したものである。日本は国内総生産の伸びが低く、温室効果ガスは横ばいだが、ドイツは国内総生産の伸びが大きいのに、温室効果ガスの排出量が大きく減少した。

日本は京都議定書で温室効果ガス排出量の一九九〇年比六パーセント削減を求められたが、目標年限の二〇一二年までに達成することができなかった。民主党政権の初期、日本は一九九〇年比二五

図⑬　日独の国内総生産と温室効果ガス増減の推移

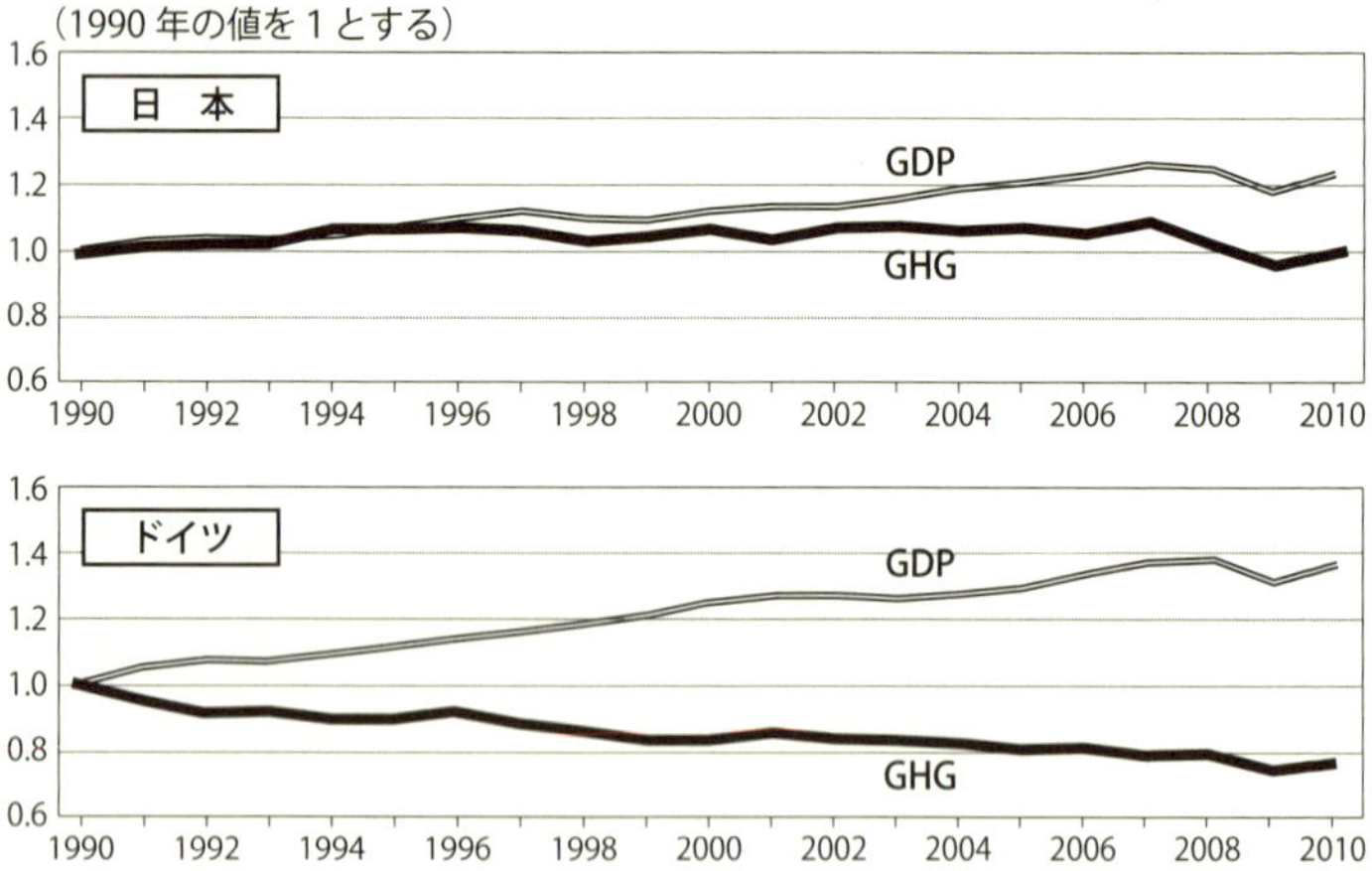

出所：国際エネルギー機関 (IEA)、CO2 emission from furl combustion 2012 edution（2012）.

パーセント削減を目標に掲げ、世界に公約したものの、それも達成にはほど遠く、撤回した。二〇一三年十一月の国連気候変動枠組み条約締約国会議に向けた作業部会が同年四月二十九日に始まったが、先進主要国中、日本だけが「ポスト京都議定書」の具体的な温室効果ガス削減目標をまったく持たずに会議に臨まざるを得ない状況である。

京都議定書の求める温室効果ガス削減目標を大きく上回る実績を挙げ、今後二〇五〇年までに八〇パーセントの削減を目指して着々と対策を進めるドイツと日本の違いは非常に大きいと言わなければならない。

ドイツが温室効果ガスの削減と脱原発につながる再生可能エネルギーの拡大を同時に進め、そのいずれにも成功したことは世界の国々の模範とされている。

第8章　福島事故は各国の原発計画をどう変えたか

◆欧州の脱原発国・慎重国・推進国

イタリアが脱原発を決める

二〇一一年三月十一日の福島第一原発事故を受けて、欧州ではドイツが脱原発期限の延長を撤回、二〇二二年までの原発全廃を最終的に決定した他に、スイスとイタリアも脱原発を決めた。

イタリアは、一九八六年のチェルノブイリ原発事故の直後に実施された、原発稼働の是非を問う国民投票の結果、電力総供給量のわずか四・六パーセントにまで低下していたイタリアの原発による電力供給割合を一九九〇年までにゼロにする脱原発の方針を打ち出したが、福島原発事故後、改めて脱原発の是非を問う国民投票の実施を求める声が高まった。

そして二〇一一年七月十二日、十三日の両日、国民投票が行なわれ、投票率は国民投票の成立に必要な五〇パーセントを超えた。投票の結果、原発反対票が九四パーセント余りを占め、圧倒的多数で脱原発が決まった。これは一九八六年の国民投票の結果、決まった脱原発政策を再確認した格好である。

二〇一一年現在のイタリアの電力生産は、火力発電が圧倒的に多く、七八パーセント。燃料別内訳はガス五四パーセント、石炭一五パーセント、石油九パーセントである。イタリアは火力発電への依存度が高い上に、その燃料のガスや石炭、石油の多くを輸入している。それでも電力が慢性的に不足している。このため足りない電力を「原発大国」フランスから輸入している。輸入する電力は需要の一〇パーセントにのぼっている。

このような電力事情は電気料金に跳ね返る。イタリアの一般家庭向け電気料金（米国ドル換算）は日本の電気料金と比べて三〇パーセントも割高の一キロワット当たり〇・二四ドルである。それでも、イタリア国民の圧倒的多数が国民投票で脱原発を選択した。

これは「電力が不足し、家庭向け電気料金が高くても、原発事故発生の際に要する莫大な費用と地域住民の甚大な健康被害と比べれば、原発に頼らない方がずっといい」という考え方に基づくものである。

イタリアが同じ脱原発国のドイツと比べて大きく異なるのは、脱原発に再生可能エネルギーで対応してこなかったことである。原発による電力生産の不足分を再生可能エネルギーで賄うためには長期的視点に立った地道なエネルギー政策が欠かせない。イタリアには、この政策がないために巨額の費用を投じてエネルギー資源と電力を外国から輸入せざるを得ない状況が続いている。

イタリアは、この反省の上に立って国民投票後、再生可能エネルギーの普及策を推進し始めた。ベルルスコーニ前政権は温暖化対策の必要もあって太陽光発電の拡大に取り組んだ結果、太陽光発電が急ピッチで増えた。また火山国イタリアは地熱エネルギー資源の豊富な埋蔵量に恵まれていることに着目、開発を進め、その設備容量はすでにヨーロッパ最大になった。イタリアは、この地熱発電による電力生産の一層の拡大を目指している。

スイスも脱原発に踏み切る

スイスでは二〇一一年三月十一日の福島第一原発事故以降、青年・学生を中心に原発反対の世論と運動が高まり、スイス紙『ル・マタン』が三月に福島原発事故を受けて実施した世論調査でも、将来的にスイス国内の原発廃止を望む意見が八七パーセントに達した。首都ベルンの国会議事堂前の広場や、ミューレルベルク原発運営会社BKWエネルギーの前で、青年が集会や泊まり込みの反原発運動を展開してきた。

アルプス山系を抱えるスイスは水力発電が全電力生産量の五四パーセントという大きなシェアを占め、稼働中の原発は全国に五基（北部のベツナウに二基、ライプシュタット、ゴスゲン、西部のミューレルベルクに各一基）。この五基がスイスの電力生産の四三パーセントを生産し、水力発電と原発の二つで全体の九七パーセントを占めている。

五月二十二日にはアールガウ州のベツナウ原発周辺で、過去四半世紀の中でスイスで最大の約二万人が参加する反原発デモが行なわれた。スイス政府（スイス連邦参事会）は、こうした反原発の世論の高揚に押され、五月二十五日、原子炉が五十年の耐用期限を迎えた時点で廃炉とし、二〇三四年までに段階的に全原発を廃止するとともに、新規の原発建設を禁止する方針を閣議決定した。

議会下院がこれを受けて六月、①原子力法の改正により原子炉新設計画に認可を与えない、②脱原子力政策のシナリオを策定するなどの議決をした。事故から半年後の九月二十八日、スイス議会上院は五月に政府が打ち出した方針を承認し、次の五点を議決した。
①原子力法改正により原子炉の新設に許可を与えない。
②安全基準を満たさない原子炉は直ちに閉鎖する。
③再生可能エネルギーの利用や効率化を推進する。
④原子力を頼らない自立型のエネルギー戦略をとる。
⑤すべてのエネルギー技術について教育、訓練、研究、国際協力を継続する。

ベルギーとリトアニアの脱原発願望

ドイツ、イタリア、スイスが脱原発を決めた後、ベルギーとリトアニアで原発をめぐる動きがあった。

ベルギーでは二〇一一年十月三十日、主要六党が現在、稼動中の国内の原発七基を二〇一五～二〇二五年の十一年間に段階的に停止させていく方針で合意した。段階的廃止の基準は運転開始から四十年を経過した原発と決まった。

リトアニアでは、これまで電力の約七割をロシアからの輸入に依存、独自のエネルギー源確保のため原発二基の新設計画を持っていた。しかし、福島第一原発事故後、国民の間に原発を不安視する声が広がった。

二〇一二年十月十四日、新たな原発（ビサギナス原発）建設の是非を問う国民投票が行なわれた結果、建設反対が六二・七パーセントを占め、賛成の三四・〇パーセントを大きく上回った。これにより、リトアニアは原発政策の転換を迫られている。

原発依存率を引き下げるフランス

福島第一原発の事故はフランスの世論に少なからぬ影響を与えた。世論調査によると、原発事故へのリスクを感じる人は福島原発事故の前は一八パーセントだったが、事故の後は、その二倍強の四〇パーセントに跳ね上がった。しかし、サルコジ前大統領は「フランスはエネルギー自給のため、原子力を放棄することはあり得ない」と明言した。

二〇一二年四月の大統領選挙は再選を狙う原発推進派のサルコジ（前大統領）と最大野党、社会党のフランソワ・オランド元党首が初めて原発政策を争点に正面からぶつかり合う選挙となった。根っからの原発推進派であるサルコジ（前大統領）は二〇一一年三月の福島第一原発事故の後、来日し、「十分な対策を取れば原発事故は防げる」と強調した。

これに対し、オランド候補は「欧州エコロジー・緑の党」のジョリ候補と当選後を考えて脱原発を掲げて共闘、社会党と「欧州エコロジー・緑の党」は十一月十五日、政権を獲得した場合に取り組む原発政策について、

①現在、運転中の五八基の原子炉のうち二四基を段階的に閉鎖し、電力の七五パーセントを占め

ているフランスの原発依存率を五〇パーセントに引き下げる。
②原子炉の新たな建設を認めない。
この二点を盛り込んだ合意書を締結、原発事故への不安を抱いている人びとの間に支持を広げた。そして選挙の結果、オランドが当選した。

福島第一原発事故後、ドイツとスイス国境に近いライン川運河に面しているフュッセンハイム原発の閉鎖を求める運動が活発化した。この原発の対岸にあるドイツでも、かねて廃止を求める声が上がっていた。

フュッセンハイム原発は一九七七年に運転が始まったフランス最古の原発。地域住民や環境保護団体は原発の耐用年数が三十年を超えていることや防災組織が整っていないことなどを以前から問題にし、廃止を求めるデモを繰り返していた。

原発反対運動の活発化を受けて、フランス東部のストラスブール市議会は二〇一一年四月十二日、フュッセンハイム原発の閉鎖を求める決議案をほぼ全会一致で可決した。

福島原発事故から半年後の同年九月十二日、低レベル放射性廃棄物処理・調整センターで溶鉱炉の爆発事故が発生、作業員一人が死亡、四人が負傷した。これを受けて最大野党の社会党は現在、総発電量の七八パーセントに達している原発の依存度を引き下げるよう求め始めた。

欧州の原発推進国・原発保有願望国

欧州には脱原発を決めた国がある一方で、原発を増やす国が少なくない。原発の新増設計画を持っている国と原発の建設基数は次のとおりである。

- ●英国＝八基（二〇二三年までに一八基を閉鎖し、二〇二五年までに八基を新設する計画）
- ●フィンランド＝三基（うち二基は二〇二〇年に運転開始予定）
- ●ポーランド＝六基（うち二基は二〇二〇年に運転開始予定）
- ●ハンガリー＝二基
- ●チェコ＝三基（うち二基は二〇二〇〜二五年に運転開始予定）

◆原発大量建設機運のアジアとロシア

原発大量建設を進める中国、韓国、ベトナム

アジアでは二〇一三年現在、原発の新設計画を進める国が増えている。『日本経済新聞』の二〇一三年二月十五日付の記事「アジア　原発新設一〇〇基」によると、二〇二〇年までに中国は五六基を新設して発電能力を現在の九倍に、インドは一八基増やして現在の一一倍強に、韓国は一九基新設して原発比率を現在の約三割から五九パーセントに、それぞれ増やす計画を進めている。

ベトナムは二〇三〇年までに一四基、新設する計画である。うち四基は二〇二一年までに建設を終えたい意向である。マレーシアは原発二基の建設を計画している。

インドネシアは二基、タイは五基の原発の市域導入を目指していたが、福島第一原発事故後、いずれも原発建設に慎重になった。

また中東諸国も原発建設に向かって動き始めた。サウジアラビアは二〇三〇年に電力需要が現在の三倍に増えると見込み、同年までに一六基の建設を計画、クウェートは二〇二二年までに四基の建設を目指している。

ロシア、ウクライナ、中東、中南米の動向

ロシアは二〇一三年六月現在、運転中の原発が三二基、建設中が一〇基あるが、新たに四四基の原発を建設する計画を立てている。ウクライナは現在、運転中の原発が一五基の他に、一三基の原発を計画中。このうち二基は二〇一五〜一六年の運転開始を目指している。

石油産出大国のサウジアラビアは現在、原発を持っていないが、今後二十年間に一六基の原発を建設する計画である。

アラブ首長国連邦は一四基、トルコは八基、ヨルダンは二基の原発をそれぞれ建設する計画を持っている。アフリカでは唯一、南アフリカだけが二〇二九年までに六基の原発を建設する予定である。

ブラジルは運転中が二基、建設中が一基あるが、その他に四基を二〇三〇年までに建設する計画を持つ。アルゼンチンは三基の建設を計画している。チリは四基の建設を計画中に福島第一原発事故が発生、今は建設に慎重になっている。

図①　世界の運転中原子力発電所の設備容量の推移

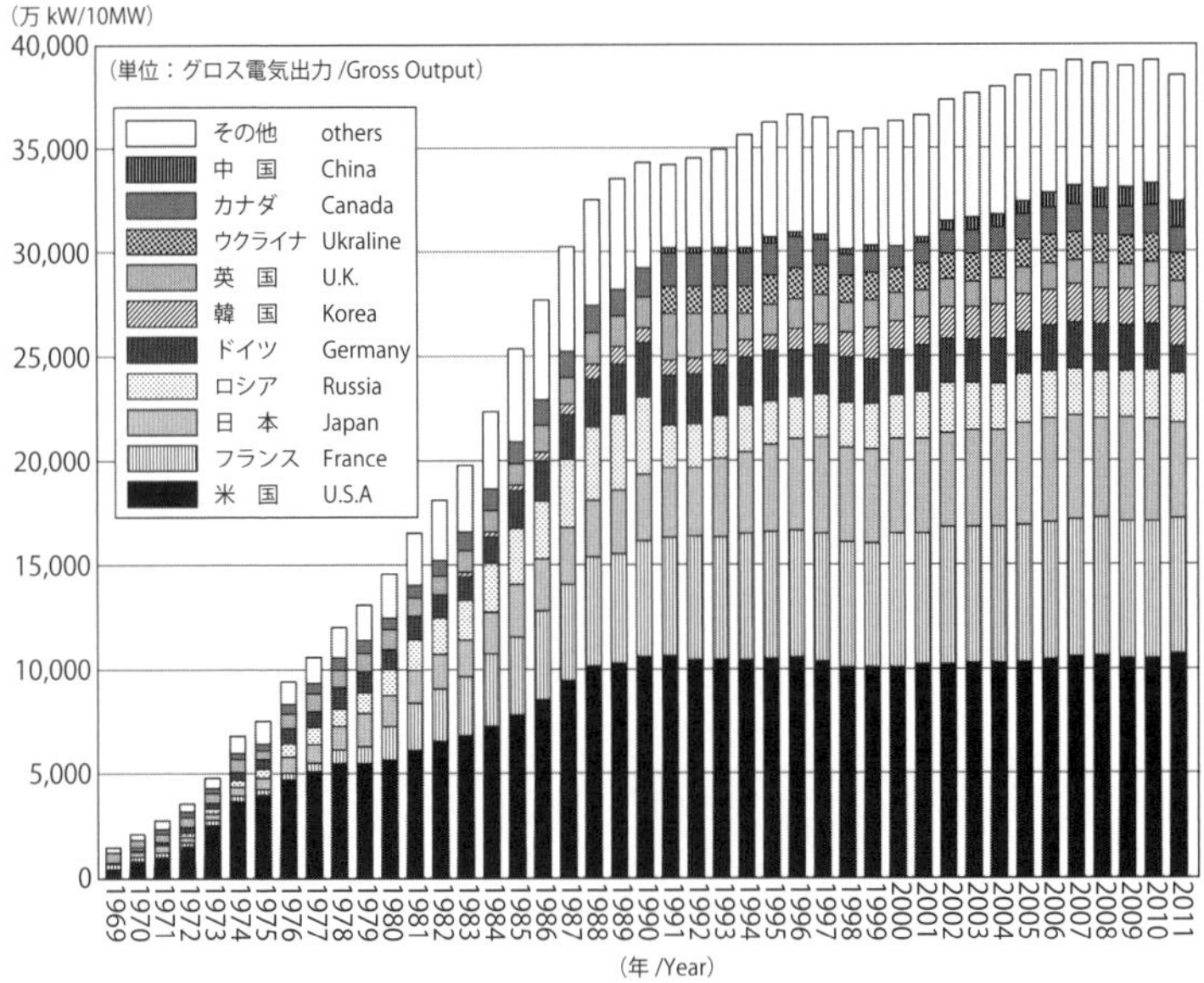

注）1：1991 年までのロシアのデータは旧ソ連のデータに基づく。
　　2：中国のデータは 1994 年より挿入。

出所：社団法人・日本原子力産業協会情報・コミュニケーション部「世界の原子力発電開発の動向」（2012 年 9 月）。

世界の原発保有国の原発依存状況

　世界各国で運転中の原発の設備容量は図①のように推移してきた。この図からドイツは二〇一〇年まで米国、フランス、日本、ロシアに次いで世界第五位だったが、二〇一一年三月の福島第一原発事故の後、一七基の原発のうち八基を廃止したため、残りが九基となったことがわかる。これによって、原発の数は韓国、中国。英国、ウクライナよりも少なくなった。ドイツは、残った九基を二〇二二年までに段階的に廃止して行く予定である

図②　世界の原発保有国の原発依存状況

原発依存度	該当する国
70%台	フランス（77.1%）
50%台	スロバキア（54.0%）、ベルギー（54.0%）
40%台	ウクライナ（47.2%）、ハンガリー（43.3%） スロベニア（41.7%）、スイス（40.9%）
30%台	スウェーデン（39.6%）、韓国（34.6%） アルメニア（33.2%）、チェコ（33.0%） ブルガリア（32.6%）、フィンランド（32.6%）
10%台	スペイン（19.5%）、米国（19.3%） ルーマニア（19.0%）、日本（18.1%） ドイツ（17.8%）、ロシア（17.6%）、英国（15.7%） カナダ（15.3%）
9%以下	アルゼンチン（8.4%）、南アフリカ（5.2%） パキスタン（3.8%）、インド（3.7%） オランダ（3.6%）、メキシコ（3.6%） ブラジル（3.2%）、中国（1.9%）、イラン（0.1%）

（一九六ページの図⑤参照）。

現在、世界には稼働中の原子炉が四四〇基ある。

福島原発事故から一カ月後の二〇一一年四月の時点で原発保有国と、それらの国々における原発による発電量が総発電量に占める割合は図②のとおりである。

第9章　巨大事故後、ドイツを追う日本

◆被爆国・地震大国がなぜ原発大国に

「ドイツ人には到底、理解できない」

これまでドイツの脱原発運動四十年の歩みをたどり、現状と今後の課題も見てきた。日本では国民一般の原発を見る目は総じて無関心で、ドイツのような組織的かつ全国規模の激しい原発反対運動は、これまでほとんど起こらなかった。原発政策の歴史も再生可能エネルギー拡大・普及政策の歩みも、ドイツと日本では大きく異なることが明らかになった。

日本は世界で一年間に発生する地震の十数パーセントを占めるほどの地震大国である。地震に伴なう津波も多い。これに対しドイツには地震も津波もない。それに核兵器が配備され、核戦争の恐怖にさらされたことはあるが、日本のように核による被爆体験はゼロである。

日本の原発政策の歴史を知るドイツの専門家たちは、世界唯一の被爆国である日本が過去六十年間、多くの原発をつくってきたこと、およびそれが地震・津波の襲来に備える対策の欠如によって

巨大事故の発生を招いたことに対し、一様に強い疑問を抱いている。

例えば、メルケル首相に脱原発を提言した「安全なエネルギー供給に関する倫理委員会」の委員、アメリカ人のミランダ・A・シュラーズ・ベルリン自由大学教授・環境政策研究センター長は二〇一一年六月三日に立教大学での講演「ドイツは脱原発に舵を切った――フクシマのインパクト」の中で、その疑問を次のように述べた[1]。

「ドイツ人が日本についてまず疑問に思うのは、広島と長崎に原爆を落とされたにもかかわらず、どうしてこれほどたくさんの原発を持っているのか、ということである。これはドイツ人にはとうてい理解できない。二つ目は日本は地震の多い国であるにもかかわらず、なぜ原発をつくったのかということだ。

一方、アメリカ人の立場からドイツを見ると、やはり持続可能な発展を追求していると思う。理想というものが、ドイツの文化にはある。自然を守ることが倫理となっている。

日本には理想がないとは思わないが、企業が利益を追求する力が非常に強く、理想の力を弱めているのではないだろうか。まるで、政治を動かしているのは企業であるかのようだ。東日本大震災のいまこそ、政治に倫理を導入することが求められているのではないだろうか」

このシュラーズ教授の指摘は、一九五〇年代に始まり、以後今日まで六〇年間にわたって推進されてきた日本の原発開発・拡大の歴史の本質を的確に衝いている。それは日本とドイツの原発開発・拡大の異なる道そのものである。

シュラーズ教授が言うように、日本は「企業が利益を追求する力が非常に強い」。このために、政治とりわけ保守政党の政治家がその影響を強く受け、ドイツと比べて相当に保守的である。第二次世界大戦後、六十年もの長い間この保守政治が日本をリードしてきた。歴代保守政党の政権は「大電力会社の虜になって」(『国会事故調査報告書』の記述)、津波対策など原発の安全性確保のための基本的に重要な施策にさえ、本腰を入れて取り組んでこなかった。そのツケが福島第一原事故の発生である。

ドイツでは電力会社が原発反対運動や厳しい世論との緊張関係に置かれていたせいで、原発事故の発生は日本よりはるかに少ない。もしも原発に対する目の厳しいドイツで、日本の一部の電力会社のように、事故を繰り返していながら、性懲りもなく抜本的な対策を実施しないでいたら、強い批判にさらされ、潰されてしまったと思われる。

この観点に立つと、日本では強力かつ規模の大きな原発反対運動が存在しなかったことが電力会社の安全対策の甘さをもたらし、ひいては巨大原発事故につながったとも言えよう。いずれにしても、福島第一原発事故は事故に対する備えを疎かにしたことに起因する巨大な失敗であり、人災である。広島・長崎の被爆、ビキニ海域の第五福竜丸事件、福島第一原発事故の三つを経験した日本は核兵器も原発もない安全で、自然と共存する社会の実現を目指すべきである。

「人は過ちからしか学ぶことができない」

人類の生存を持続可能なものにするための方策を探り続け、「宇宙船地球号」などの言葉を広めた建築家で、思想家のバックミンスター・フラー(一八九五〜一九八三)は「人は過ちからしか学

図① 水素爆発などにより損壊した福島第一原発の原子炉建屋。右から４号機、３号機、２号機、１号機。2011 年 11 月 12 日、写す。（朝日新聞社提供）

ぶことができない」と言った。日本は地震・津波大国なのに、備えを疎かにして巨大な人災（図①参照）を引き起こし、その過ちを知った。フラーの言葉は福島原発の人災に当てはまる。それは、余りにも高い授業料だった。過ちの実態と日本が地震・津波大国であることを知れば知るほど、この国では原発の安全な稼働が困難なことが浮き彫りになる。

だから過ちの元になった原発依存社会からできるだけ早く脱却し、原発のない、安全な社会の実現を目指すべきではないか。世論調査の結果も、国民の六割前後がそのことを望んでいると見ることができよう。ただ原発が存続する間は、失敗を繰り返さないよう、原発の安全対策に総力を傾注しなければならない。過ちをこれ以上、繰り返すことは許されない。

懸念されるのは経済産業省の原発の安全性確保に対する取組みの姿勢である。電力会社や原発メーカーのトップらでつくる「エネルギー・原子力政策懇談会（会長・有馬朗人元文部相、座長代理・望月晴文元経済産業事務次官）が二〇一三年二月二十五日に安倍晋三首相と茂木敏充経済産業相に提出した「緊急提言　責任ある原子力政策の再構築」は二〇一〇年七月まで経済産業省事務次官を務めていた望月晴文座長代理と事務局が一二年十二月に骨子を作成し、集約もした[2]。また同年九月十日に非公開で開かれた懇談会の第十三回定例会では、座長代理の望月元事務次官の隣に資源エネルギー庁原子力政策課長が座った。

こうして経済産業省の元および現職の官僚の手助けでまとめられた「緊急提言」には「わが国最高水準の英知と最大限の情報を活用した検討が実現していない」とする原子力規制委員会の安全規制批判や停止中の原発の再稼働を求める要望などが盛り込まれた[3]。望月元事務次官は二〇一二年六月、原発メーカーの日立製作所社外取締役に就任した。五月十五日、安倍首相は参議院予算委員会で「原発の再稼働に向けて政府一丸となって対応し、できるだけ早く実現していきたい」と述べたが、懇談会の「緊急提言」が念頭にあっての発言と見られる。

福島第一原発事故のあと、原発のない安全な社会を望む人びとが国民の半数を超えていると見られる中、「政府は一丸となって再稼働に取り組む」という安倍首相発言は大胆かつ挑戦的である。

◆原発ゴミ問題　ドイツと日本に取組みの差

「もんじゅ」に運転再開停止命令

日本は原子力の平和利用を開始した一九六〇年代から核燃料サイクルを国家的プロジェクトとして実施する目標を掲げてきた。当初の計画によると、青森県六ヶ所村にある再処理工場で全国の原発で出る使用済み放射性廃棄物を再処理し、プルトニウムとウランを取り出し、核燃料として利用しようという考え方に基づくものである。

六ヶ所村の再処理工場で抽出されたプルトニウムを燃料として使ってさらにプルトニウムを増殖するために福井県敦賀市に建設されたのが、国家プロジェクトの高速増殖炉「もんじゅ」である。ところが、「もんじゅ」は一九九五年十二月八日、ナトリウム漏れによる火災事故を起こしたうえ、事故が一時、隠蔽されたことから、物議を醸した。二〇一〇年五月、「もんじゅ」の運転が再開されたが、同年八月、再び事故を起こして止まり、二〇一三年五月十五日、原子力規制委員会が「一万個近い機器の点検漏れがあった」として、日本原子力研究開発機構に対し使用（運転再開）の停止を命じた。計画の失敗は明らかだ。

ドイツでもカルカーに高速増殖炉が建設されたが、一九八四年に「もんじゅ」と同じナトリウム火災を起こし、翌八五年五月には電気系統の設計ミスが原因で火災事故が発生した。チェルノブイリ原発事故の後、ノルトライン・ヴェストファーレン州政府は安全性を考慮したうえで、カルカー高速増殖炉の運転許可を取り消し、原子炉メーカーのシーメンスがこれを受けて建設放棄を決めた。

六ヶ所村の再処理工場はトラブルが続き、これまで一度も本格稼働したことがない。このため使用済み核燃料が全国の原発周辺に止め置かれ、二〇一二年十二月現在、約一万七〇〇〇トン以上が貯まっている。点検のため止まっている原発が再稼働されれば放射性廃棄物は増え続け、各原発の保管場所はあと数年で満杯になる。日本の核燃料サイクル事業は再処理工場自体のトラブル続きに加えて、①高速増殖炉原型炉である「もんじゅ」の実用化のめどが立っていないこと、②再処理によって使う当てのないプルトニウムが増えていくこと、③再処理過程で大量の高レベルの放射性廃棄物が生じ、その再処理には莫大な費用とエネルギーが必要なことなどから、軽水炉核燃料サイクルは科学的にも経済的にもまったく無意味であり、すでに破綻状態にあると言える。

前途多難な核のゴミ最終処分地問題

日本では使用済み核燃料の最終処分地や処分方法が確立されないまま、政府が六ヶ所村にある再処理工場で再処理を進める方針。仮に再処理が開始されれば、高レベルの放射性廃棄物が残る。これは廃液としても出るし、プルサーマルでも発生する。高レベル放射性廃棄物は猛毒なため、ガラスで固めたもの（ガラス固化体）をさらにステンレスの缶に収めたうえ、厚さ二〇センチの金属の容器に入れて保管している。

処分事業を担う原子力発電環境整備機構（ＮＵＭＯ）の計画では、まず放射性廃棄物をガラスと混ぜて金属容器に流し込み、ガラス固化体を作る。これを三十〜五十年間、冷やした後、三〇〇メートル以上の地下の岩盤に埋める。ガラス固化体が人体に直接触れれば、約二〇秒で死ぬほど高い放射能を持つ。ガラス固化体から出る放射線は一メートル先に厚さ一・五メートルのコンクリート壁を置いて初めて人体に安全なレベルにまで遮ることができる。

高レベル放射性廃棄物は三〇〇メートルよりも深い地中に埋めて処分するのが現実的な最終処分方法だと考えられている。しかし、最終処分する候補地の応募に応える自治体はゼロ。これまで候補地の検討が先送りされてきたが、現在もめどがまったく立っていない。最終処分との決定までには多くの困難が横たわっている。日本学術会議は「今の地層処分計画では危険」と指摘、広く国民に開かれた科学的研究と民主的議論の多段階の積み重ねを提言している。

これに対し、ドイツは第8章で述べたとおり、新たに「二〇三〇年までに最終処分施設の立地場所を決定すること」を目標に掲げ、施設の立地場所探しに取り組むことになった。これは壁にぶち当たっている日本の高レベル放射性廃棄物の最終処分場探しに影響を与えるものと見られる。日本はドイツのように、放射性廃棄物を深い地中に直接、地層処分するための最終処分場適地探しに本腰を入れて取り組むべきである。

◆始まった日本の再生可能エネルギー拡大政策

民主党政権の原発政策を白紙撤回

福島第一原発の事故は、日本の人びとの原発に対する見方を変えた。二〇一二年秋には再生可能エネルギーの拡大によって、原発を段階的に廃止していく必要があるとする意見の人の占める割合が七割を超えた。日本の多くの人びとが二〇二二年に脱原発を実現する計画のドイツをモデルにし、「日本もドイツのように原発のない社会を創り上げよう」と考えている。日本は今後、再生可能エネルギーを拡大し、電力生産量に占める原発の割合を減らしていくことが求められる。

しかし、二〇一二年十二月に成立した安倍政権（自民、公明両党の連立）は再生可能エネルギー拡大への取組みが弱い。再生可能エネルギーで生産された電力を電力会社が固定価格で全量買い取る法律が二〇一二年七月、施行されたが、二〇一三年三月までに生産された電力の九五パーセントが太陽光発電で、風力発電、地熱発電、バイオマス発電、中小規模の水力発電による電力はごくわずかしか、生産されていない。

風力発電は送電線への接続や農地法の転用の困難、環境アセスメント手続きに四十カ月以上を要するなどの規制が足かせになり、進んでいない。抜本的な促進策が推進されない限り、再生可能エネルギーのはかばかしい拡大は期待できない。

また電力会社が強く抵抗している発電と送電の分離については、安倍政権が二〇一八～二〇年をめどに実施する方針を決め、二〇一三年四月二日、電気事業法改正案を閣議決定した。しかし、日本政府の取り組み姿勢は国家の意志を感じさせるドイツの真剣な取り組み姿勢とは異なる。

民主党は二〇一二年に未着工の原発を認めない方針を決めた。しかし、安倍政権はこの方針を白紙撤回し、未着工の原発八基の新増設を認める方針を打ち出した。安倍政権が明言している民主党政権時代の「二〇三〇年代の原発ゼロ」政策の白紙撤回が着々と進行している。

ドイツより高い日本の再生エネルギーの可能性

ここで、ドイツと日本の再生可能エネルギーの拡大政策の違いを確認しておこう。ドイツは一九九一年に再生可能エネルギーによる電力の買取りを電力会社に義務付ける法律の施行以来、政府、国会、産業界、市民が連携・協力して再生可能エネルギーの拡大・普及に取り組み、成果を収めてきた。

これに対し日本では水力を除く再生可能エネルギーの電源構成割合は二〇一三年二月現在、わずか〇・六パーセント程度しかない。そのうえ日本では電力市場が電力会社一〇社に占められ、電力会社の発送電の自由化が進んでいない。これから再生可能エネルギーによる電力生産を伸ばしていくためには、発電と送電の分離など多くの難しい課題も山積している。

そこで、再生可能エネルギー推進のために、経済産業省の電力システム改革専門委員会（委員長・伊藤元重東大大学院教授）が二〇一三年は三年後から電力を家庭などに自由に売れる小売りの全面自由化を始め、五～七年後に電力会社から発送電部門を切り離す発送電分離に踏み切るという工程表の実施を提言している。

再生可能エネルギーの普及政策は始まったばかりだが、日本の再生可能エネルギーによる電力生産の潜在的可能性（ポテンシャル・エネルギー）はドイツ以上に高い。例えば、洋上風力について見ると、これだけで一六キロワット、設備利用率三〇パーセントとすると、年間四・二兆キロワット時もあると推定されている。これは日本の消費電力量の約四倍に相当する。[4]

太陽光による発電の可能性は住宅用で約二億キロワット、非住宅用で約一・五億キロワット、陸上風力二・八億キロワット、中小規模水力発電と地熱発電合わせて約三〇〇〇万キロワットと推定され、洋上風力以外では日本の消費電力に相当する年間一兆キロワット時の潜在的可能性が見込まれている。[5]

これらは眠れるエネルギー資源とも言えるもので、この資源を利用した電力生産の拡大・普及対策が待たれている。日本の再生可能エネルギーの潜在的可能性は火山国の日本に埋まっている地熱発電のポテンシャル・エネルギーは世界でもトップクラス。元ワールド・ウオッチ研究所長（米国）は「日本は地熱をもっと活用すべきだ」と提言している。日本の地熱の多くは国立公園の中に埋まっているので自然を破壊しない形で地熱を活用することができれば、大きなプラスになる。

日本はドイツを十年遅れで追えるか

エネルギーは電力、熱、輸送用燃料ごとに、それぞれの種類別特性に合わせて適切に利用して初めて利用が進む。原発依存型社会からの脱却を効果的に進めるためには、再生可能エネルギーを効果的に伸ばす政策を選択して、その拡大に取り組む必要がある。

牛山泉日本風力エネルギー学会元会長の「再生可能エネルギーの可能性とリアリティ」（『国民のためのエネルギー原論』所収、植田和弘・梶山恵司共著、日本経済新聞出版社、二〇一一年）によると、固定価格買取り制度で事業収益性を考慮した電源種別の買取り価格・期間が設定されたシナリオの場合、太陽光発電、陸上風力、洋上風力、バイオマス、地熱、廃棄物発電のすべてが順調に拡大する。

このシナリオによる日本の再生可能エネルギーの予測比率をドイツの実績と比べてみよう。ドイツでは再生可能エネルギーの総生産量に占める比率がすでに二〇一二年末に二三パーセントに達した。日本の二〇二〇年の目標レベルがドイツの二〇一一年とほぼ同じだから、日本は約十年遅れでドイツの後を追う格好である。この場合、総発電量に占める再生可能エネルギーの比率は二〇二〇年に一七・八パーセント、二〇三〇年に三三・二パーセントに増えると予測される。

現に、ドイツの専門家は①太陽光や風力、地熱、バイオマス、水力など自然エネルギーのポテンシャルは日本の方がドイツよりも恵まれている、②ドイツが固定価格での買取りを義務付けた一九九一年当時と比べてコストが低下している—の二点を挙げ、「日本は十年で二〇一一年時点のドイツに達することが可能である」と見ている。

ドイツが一九九一年以降、二十余年間にわたって積み上げてきた発送電分離、小売における競争促進、送電網の拡充などの成功・失敗を含めた貴重な経験から学び、それをフルに動員しながら効果的な法的枠組みを整備し、持っている技術をフルに活用して拡大に努めれば、日本は十年後には、かなりのレベルまで再生可能エネルギーを伸ばすことができるだろう。現に、再生可能エネルギーで生産された電力を固定価格で買い取ることを義務付けたドイツの法律はフランス、スペイン、イタリア、チェコなど多くの国が導入し、特効薬的効果をもたらしている。

そのうえ、日本には再生可能エネルギーの分野で独自の技術もある。後発であるためにドイツの先進的な技術や貴重な経験から日本が学び、それを活かすこともできるはずだ。

成否のカギは、日本がドイツのように、二十年以上の長期にわたり再生可能エネルギー拡大のために総力を傾注することができるかどうかだ。安倍首相は経済成長の柱に原発の活用を位置付け、政府が一丸となって原発の再稼働に取り組む方針を表明している（先述）。このような姿勢でドイツを追えるはずがない。

脱原発・再生可能エネルギー問題の第一人者、飯田哲也環境エネルギー政策研究所長は、これに関連して次のように警告している。[6]

「『人類史第四の革命』と呼ばれるほどの成長機会となっている再生可能エネルギーが日本では、このままだと電力独占と原子力ムラに抑制されてしまい、すでに二十年遅れになってしまった日本の原子力・エネルギー・環境政策は、さらに『失われた三〇年』へと周回遅れになってしまう恐れがある」

福島第一原発事故で、原発の怖さと危険性を思い知らされた日本では、多くの国民が原発のない社会を実現しようという思いを抱いていることが世論調査の結果に表れている。「さようなら原発一〇〇〇万人署名　市民の会」（代表・大江健三郎）が呼びかけた脱原発を求める署名は二〇一三

図②　2011 年 9 月 19 日、東京都新宿区の明治公園で開かれた「さようなら原発 5 万人集会」。右端は「原発は犠牲と荒廃をもたらす」と述べ、脱原発を呼びかける作家、大江健三郎さん。（FoE Japan 提供）

年三月九日までに約八二〇万人分が集まった。同会は一〇〇〇万人署名の実現まで署名運動を続けるという。巨大な原発事故の結果、脱原発を求めて立ち上がった八二〇万もの国民の切実な願いを無視することは許されないだろう。

二〇一一年九月十九日に「さようなら原発一〇〇〇万人署名　市民の会」が東京の明治公園で開いた「さようなら原発　五万人集会」には全国各地から約六万人が参加し、ドイツ環境・自然保護連盟（ＦｏＥ・ドイツ）代表のフーベルト・ヴァイガー代表が「福島の事故の後、ドイツでもこのような大きなデモが起こり、ついにすべての原発を二〇二二年までに停止することを決定しました。脱原発、核兵器のない、原子力発電のない未来をともに実現しましょう」と呼びかけた。日本の脱原発運動で、六万もの人びとが集まったのは初めてである。翌一二年七月一六日、同会が東京の代々木公園で開いた集会には主催者発表で約一七万人が集まった。

クラウス・テプファー元ドイツ環境相の言うように、政治に目標実現の強い意志さえあれば難問を克服して目標を達成することができる。もし政府に脱原発の意思がないのであれば、国民が脱原発を押し進める意思を持つ政府に変える必要がある。

ドイツは日本は先進的なドイツの再生可能エネルギー・脱原発政策の長い経験や体得した貴重なノウハウから多くのことを学び取り、それをフルに活かして再生可能エネルギーを拡大し、国民の大多数が望んでいる脱原発のない安全な社会を実現すべきである。テプファー元環境相の言う「脱原発に必要な政治の決断力、実行力」は、今の日本にこそ、強く求められている。

終章　原発反対運動が築いた環境先進国ドイツ

憲法の環境保護規定と緑の党

一九八〇年代前半、広範な地域の森林が酸性雨によって枯死・衰弱したとき、ドイツの人びとは大きな衝撃を受けて立ち上がり、経済成長優先の政治を環境保護優先に大きく転換させた。そしてドイツは、その時以来、先進的な環境政策を積み重ねていった。

一九八八年、ドイツ共和国の憲法に当たるドイツ連邦共和国基本法（一九四九年制定）の中に、環境保護を基本権とし、環境保護の重要性を明文化した規定を盛り込むべきだという声が連邦議会で起こった。憲法に環境保護の重要性が明文化されれば、それは国家目標の一つとなり、将来世代へ確実に受け継がれていくと考えたのである。

各政党は憲法に盛り込むべき規定について、それぞれ独自の提案をした。環境保護運動では連邦議会の中で最も積極的で、環境政策をめぐる議論をしばしばリードしてきた緑の党は憲法第二〇条aに次の規定を補充する草案を連邦議会に提出した[1]。

「自然環境は人間の生活基礎として、また自然環境それ自身のために国家の特別の保護のもとに置かれる。生態学的負担と経済的必要が衝突した場合において、そうしなければ自然環境の重大な侵害が生ずる恐れがあるときは、生態学的要請に優先権が認められなければならない」

これに対し、八八年当時の政府与党、キリスト教民主・社会同盟と自由民主党は自らの立場を盛り込んだ次の草案を連邦参議院に提出した。(2)

「人間の自然基盤は国家の保護のもとに置かれる。連邦および各州は他の法的財および国家課題と照らし合わせ、詳細について規定すべきものとする」

各党の提案を基に、連邦と州の各レベルにおける自然的生活基盤の保護や様々な責任についての審議が長い間、続いた。その結果、憲法第二〇条aの規定は「環境と開発に関する世界委員会」(WECD。委員長・ブルントラント元ノルウェー首相。略称・ブルントラント委員会)が一九八七年四月、作成した報告書『我ら共有の世界』の趣旨に沿ったものとすることが決まった。

この報告書は「持続可能な発展」の定義について、「将来の世代が自らのニーズを充足する能力を損なうことなく、現在の世代のニーズを満たすことである」と述べた。その意味は、将来世代が生態系・生活基盤の不可避的な破壊や資源枯渇の悪影響を受け、困窮する事態を招かないよう、現在の世代がその保全に力を尽くすべきであるというものである。

これが基で「持続可能な発展」は一九九二年六月の「環境と開発に関する世界会議」(通称・地球サミット)において地球環境保全の道を指し示す基本理念となり、キーワードとして広く普及した。こうしてドイツでは一九九四年の憲法改正の際、第二〇a条に「持続可能な発展」の定義にマッチした次の条文が盛り込まれた。

「国家は将来の世代に対する責任という点からも、立法により憲法に適合する秩序の枠内で、また執行権と裁判とにより法律および法の基準に従って、自然的生活基盤を保護する」

これは「より健全な地球環境を将来世代に引き継ぐことは現世代の責任である」とする考え方に基づくもので、ドイツとドイツ人の、環境保全に対する真摯かつ積極的な取り組み姿勢の表れとして全世界から評価されている。

「エコロジー的近代化論」による環境戦略

一九八九年十一月九日、ベルリンの壁が開き、翌九〇年十月三日、東西ドイツの統一が実現した。統一ドイツはEU経済を牽引する役割を担いながらも、高い賃金水準とエネルギー価格、市場独占などによって、低成長率、失業率、競争力にも不安要素を抱えていた。

このドイツが一九九〇年代初め頃から環境分野に戦略的に投資し、技術革新、経済成長、雇用創出を目指す政策を導入し始めた。この政策の基本とされたのが、環境問題を、社会システムの政策的革新によって解決しようとする思想、すなわち「エコロジー的近代化論」である。エコロジー的近代化とは、具体的には経済政策に環境原理を導入、環境政策に市場メカニズムなどの経済原理を活用し、持続可能な開発を図る概念である。嚙み砕いて言えば、「環境に配慮した経済政策を推進し、経済発展を図ろう」という考え方である。

ドイツは、この考え方を基にして環境・エネルギー・廃棄物の分野で先進的な政策を推進し、制度改革・規制緩和に踏み切った。一九九八年十月には、緑の党の地道な働きかけが実り、社会民主党との連立政権樹立がついに実現した。両党は同月、締結した連立政権の政策協定書にも、この「エコロジー的近代化論」を盛り込んだ。この概念に基づく協定書中の主な具体的施策が原発の段階的廃止、環境税の導入、環境関連法規を一つの環境法典にまとめ上げることの三つ[3]。その中心は、もちろん原発の段階的廃止である。連立政権は二〇〇二年に脱原発法として知られる改正原子力法を成立させ、脱原発の道筋を付けた。

その後、政権を取ったキリスト教民主・社会同盟のメルケル首相は二〇一〇年十月、脱原発期限を延長した。しかし二〇一一年三月の福島第一原発の事故で反原発意識がふたたび燃え上がり、二〇一一年六月三十日、連邦議会では脱原発時期の延長施策を白紙に戻し、「二〇二二年までに原発を全廃する法案が可決成立した。

先進的な環境政策を積み上げて行くうちに、ドイツの環境先進国としての地歩は確立されていった。環境先進国への歩みの道標となったのが、次の八つの重要な法律の制定・施行（括弧内は施行年）である。

①再生可能エネルギー発電電力の公共電力網への供給法（電力買取り義務付け法。一九九一年）
②ドイツ基本法（憲法）に「自然的生活基盤の保護」を国家の責務とする規定を盛り込む。（一九九五年）
③循環経済の促進及び廃棄物の環境保全上の適正処理確保法（循環経済・棄物法。一九九六年）
④エネルギー事業法（一九九八年）
⑤環境税（一九九九～二〇〇三年、段階的導入）

⑥再生可能エネルギー法（二〇〇〇年、二〇〇四年に改正）
⑦改正原子力法（二〇〇二年。原発の段階的廃止）
⑧改正原子力法（二〇一〇年制定。脱原発期限の延長。施行されず）
⑨改正原子力法（二〇一一年。脱原発期限の延長を白紙還元）

①の電力買取り義務付け法を受け継ぎ、再生可能エネルギーの飛躍的な拡大・普及をもたらしたのが、⑥の社民・緑の党連立政権による再生可能エネルギー法の制定である。ドイツでは一九九〇年代初めまで、日本と同様に化石燃料と原子力が中心の電源構成で、再生可能エネルギー産業が存在していなかった。しかもドイツはチェルノブイリ原発事故の後、原発の新設が認められなくなった。

そこでドイツは原子力に依存してきた従来の電力供給を根本的に見直し、今後の電力供給は原発から再生可能エネルギーに転換・代替させることによって実現しようと考えた。つまり、目標は代替エネルギーの確保と地球温暖化防止の二つである。

連邦政府は①化石燃料の消費の削減、エネルギーの節約、効率化による二酸化炭素の削減目標の達成、②再生可能エネルギーの開発・拡充という二つの対策を同時併行的に推進した。その結果、ドイツはエネルギー転換の基盤作りが進み、原発の段階的廃止計画の道筋を付けることが可能になった。

脱原発に最も功労のあった政党が緑の党であることは言うまでもない。これに次いで貢献をしたのは一九九八年に緑の党と連立政権を樹立し、二〇二二年までの脱原発を決定した社会民主党である。また社会民主党と並ぶ大政党であるキリスト教民主・社会同盟はコール政権時代の一九九一年十二月、再生可能エネルギーによって生産された電力を電力会社に高い価格で買取ることを義務付けた法律の制定に尽力した。

一方で、日本では環境政策の充実・強化は経済成長の妨げになるという見方がある。だがドイツでは逆に環境政策を充実・強化することによって経済成長を進める「エコロジー的近代化論」が主流となり、これに基づく経済政策が実際に成果を収めつつある。

具体的に言えば、ドイツは二〇〇〇年から二〇〇八年にかけて実質輸出が六九・五パーセント増え、輸出主導型の経済成長を実現することができた。その成功の原因の一つに「エコロジー的近代化論」の経済政策が挙げられるだろう。例えば再生可能エネルギーによる発電量の増加は雇用の増大につながり、二〇一二年、ドイツの再生可能エネルギー事業従事者は二〇〇四年時点の二倍に当たる三八万人に増えた。二〇二〇年には再生可能エネルギー事業従事者は五〇万人にまで増加する見通しである。

ドイツは今、経済政策と環境政策をうまく統合し、調整することによって、経済の発展とよりよい環境を同時に実現できることを実証しつつある。ドイツが、この成長戦略のコアに位置付けているのが、再生可能エネルギーの推進・拡大政策である。ドイツの再生可能エネルギー計画は連邦政府と州政府の立案に基づいて進められているが、全体として再生可能エネルギー事業への出資者の過半数が個人と農家によって占められている。バイオマス事業では全設備の七二パーセントが農家の所有である。再生可能エネルギー事業の全設備のうち、電力会社や産業界が所有するものはそれぞれ一割以下に留まっている。こうして再生可能エネルギーが地域のエネルギー転換を成し遂げつつあるだけでなく、地域経済を活性化させ、それが同時にドイツの経済発展を下支えしている。

エネルギーは今世紀最大の成長分野と言われるが、ドイツの再生可能エネルギーは二〇五〇年にエネルギー生産の八〇パーセントを賄える見通しを得ており、前途は明るい。また再生可能エネルギーの拡大によるドイツの脱原発は、世界の国々のモデルとなり得る先進的かつ重要な挑戦である。

国家の意志が滲む真摯な取り組み

ドイツが二〇〇〇年から取り組んでいる脱原発は世界最大級の工業国が原発にまったく頼らない社会の創造・実現を目指す、世界最初の壮大な挑戦であり、実験でもある。この実験の成否のカギを握っているのが、再生可能エネルギーの飛躍的な普及だ。再生可能電力義務付け法の制定から十九年が経過した二〇〇九年、ドイツは「二〇一二年までに温室効果ガスを一九九〇年比二一パーセント削減」という京都議定書の目標値（一九九八年に設定）を三年前倒しで達成した。

二〇一一年六月、連邦議会は二〇二二年末までの原発の全廃を決定したほか、再生可能エネルギーを拡大して省エネを促進するための七法案を可決し、エネルギー政策の道筋づくりに、ひとまず区切りを付けた格好になった。

二〇一二年末、ドイツの再生可能エネルギーの比率は二三パーセントに達し、原子力の比率一七パーセントを大きく上回った。そしてドイツは温室効果ガスを二〇二〇年には一九九〇年比で四〇パーセント、二〇五〇年には同八〇パーセント削減する目標を掲げている。

連邦政府が二〇二〇年までに普及させたいとしている再生可能エネルギーの設備容量別中期拡大目標は以下の通りである。

①洋上風力を一〇ギガワット（GW。一ギガワットは一〇億ワット）に
②陸上風力を二八〇メガワット（MW。一メガワットは一〇〇万ワット）に
③水力を五・一ギガワットに
④バイオマスを六・一ギガワットに
⑤地熱エネルギーを二八ギガワットに
⑥太陽光を一五ギガワットに

二〇一三年二月現在、ドイツ国民の約八〇パーセントが脱原発を支持している。脱原発に反対または批判的な政党は一つもない。これは成長戦略に原発を活用しようとしている日本とは大きく異なる（二三五ページ参照）。

ドイツは一九九八年に電力の自由化に踏み切った。今では自由に電力を買うことができる。福島第一原発事故後、電気代は多少高くても、再生可能エネルギーによる電力を扱う会社を選択する人びとが急増、すでに四〇〇万世帯を超えた。再生可能エネルギーの拡大は一九九一年の電力買取り義務付け法の施行からスタート、社会民主・緑の党の連立政権が樹立された一九九八年には四パーセントだったが、二〇〇〇年の再生可能エネルギー法の施行の二年後に八パーセントに急増し、二〇一二年末には二三パーセントにまで伸びた。

今後、再生可能エネルギーをさらに飛躍的に発展させるためには、いくつかの課題を克服しなければならない。まずドイツ北部の北海やバルト海で生産された電力を南部の工業地帯へ送る高圧送電線の拡張・整備が緊急の課題である。連邦政府が洋上風力発電を推進し、送電網を整備すれば二〇三〇年にドイツの電力需要の一五パーセントを満たすことが可能と見られている。

固定価格買取り制度にも、解決すべき問題がある。この制度は再生可能エネルギーを普及させるうえで大きな役割を果たしたが、買取り価格増加分の負担が消費者に転嫁されるため、普及すればするだけ電気料金が上昇する。ドイツの電気代は各国と比べて高く、財政的な負担は重い。このためドイツ政府は二〇一一年六月末、太陽光発電による電力の買い取り価格を二～三割、引き下げた。

ドイツの脱原発政策と再生可能エネルギー政策にとっての救いは「電気代が上がるから原発廃止に反対」という人がほとんどいないことである。「多少、電気代が高くなっても原発は廃止すべきだ」という意見が圧倒的に多いのだ。ただ政府当局は電気代がこれ以上、上がらないよう、再生可能エネルギーによる電力の買上げ価格の引下げや発電コストの削減などに力を入れて取り組まなければならないだろう。

ドイツの脱原発を最終的に決定した倫理委員会（メルケル首相が設置）の委員長を務めたクラウス・テプファー元環境相は二〇一二年に来日し、ドイツの脱原発には課題が山積し、容易ではないことを認めながらも「脱原発は政治の安定と決断力、実行力によって実現できると確信している」と語った。

ドイツは過去二十年間、再生可能エネルギーの拡大を目指し、政府、国民が一体となって真摯に取り組んできた。再生可能エネルギー分野にドイツが行なった設備投資の総額は三兆円近い規模と見られている。多くの困難を一つずつ解決しつつ、総力でひたむきに目標の達成に向けて努力を続ける姿勢には、国家の意志が滲んでいると言っても決して過言ではないだろう。

このような真摯な取り組みこそが、事故の危険性と放射性廃棄物を増やし続ける原発に頼らなくとも済む、安全な社会の実現を可能にするのである。

あとがきにかえて

ドイツ南西部の「黒い森」、すなわちシュヴァルツヴァルトの一角、ブライザッハに、バーデンヴュルテンベルク州が原発建設地の白羽の矢を立てたのは一九六九年。七一年、原発建設に反対する運動が始まった。反対運動は建設現場からその後、連邦議会に舞台を移して続けられ、二〇一一年三月十一日の福島第一原発事故からおよそ三カ月後、遂に脱原発が最終的に決定した。運動が始まってから目的達成までの四十余年の長い年月の原発反対運動と政治、国民世論の動向の大きな流れを検証したのが、本書である。

西ドイツを初めて訪れたのは一九六三年だった。一九九〇年代に入ってからは一般廃棄物やダイオキシン対策、もちろん再生可能エネルギー拡大政策、憲法（ドイツ連邦基本法）への環境保護規定の盛り込み、社会民主党と緑の党の連立政権樹立（一九九八年）後の脱原発政策などを取材するために、しばしばドイツに出かけ、多くの友人・知人を得た。その結果を本や雑誌に書いてきた。

ドイツの原発反対運動の歴史と運動に関わった人びとを取材して改めて知らされたのは、ドイツの人びとの原子力に対する嫌悪感と原発への強い不信感・反発である。ドイツ人は原子力を不確定な危険性をはらむもの、自然の摂理に反するものと捉え、現代文明の枠などとは決して考えていない。

また取材を通じてドイツの人びとが本来的に日常生活の中で人体や環境に害を与える危険性のあるものへの不安感や警戒心が強いことも知った。不安はドイツ語で Angst と言い、ドイツ人の国民性とも言うべきものである。一九七一年に当時のブラント首相が定めた「事前配慮の原則」（ドイツ語で Vorsorge Prinzip。地球サミットの「リオ宣言」に盛り込まれた「予防原則」のひな型）も、危険物質の侵害に対するドイツの人びとの警戒心の強さから生まれた考え方だと思う。

ドイツが今日の環境先進国、脱原発のモデル国を築き上げることができたのは、一九八〇年代半ば頃から始まった環境立国への取り組みを徹底的に追求し、途中で決して放棄しなかったためである。物事に入れ込み、目的の達成を目指して真剣に取り組もうとする徹底性は、物事への警戒心の強さと並ぶ、ドイツ人の特徴的な気質である。

ドイツ人の国民性を説明する際、使われてきたのが、「イギリス人は歩きながら道を考える。フランス人は歩いてしまってから道を考える。ドイツ人は道を考えてから歩く」という比喩である。この場合の道を「原発のある道」とすると、どうなるか。

ドイツ人は「原発のある道」を歩き始めたが、前途に危険が待ち受けているという警戒心が国民の間に澎湃《ほうはい》として沸き起こり、途中で「原発のない道」に進路を変える決心をした。これに対し、「歩きながら考える」と言われるイギリス人は、まだ進路を変えようとはせず、同じ道を歩み続けている。フランス人は一部に警戒する人が出始めたが、全体として世界第二の原発大国の道を突き進んでいる。

ドイツでは近年、再生可能エネルギーや脱原発関連の優れたドキュメンタリー映画が次々に制作され、大きな反響を呼んだ。日本でも二〇一〇年十月、『第四の革命』や『アンダー・コントロール』など四本が東京・渋谷を皮切りに全国の主要都市で上映された。筆者は四本全部を見たが、特に『第四の革命』には強い感銘を受けた。

『第四の革命』は今、世界で進行している再生可能エネルギーの普及によるエネルギー供給システムの革命のことを指している。一万年前の農耕の開始が一つ目、一八六〇年に英国で始まった産業革命が二つ目、デジタル革命が三つ目、そしてエネルギーシフトが四つ目の革命という位置付けである。

『第四の革命』は太陽光発電の普及が途上国の農村に電化の恵みを、パネルの設置や維持管理、修理を扱う女性たちに生活レベルの向上をもたらしている姿などを生き生きと描いた作品である。このようなドキュメンタリー映画が続々、制作されるのも、再生可能エネルギーや脱原発に対する人びとの関心が強いためだろう。

『第四の革命』はドイツ社会民主党の政治家で、ドイツの再生可能エネルギーの躍進に特効薬的効果を発揮した「再生可能エネルギー買取り義務付け法」（一九九一年施行）の提案者ヘルマン・シェーアの著書『エネルギーの自立、再生可能エネルギーに向けての新しい政治』（邦訳はない）を基に制作された作品。シェーアは長年、環境問題や太陽エネルギーの普及に力を入れてきた人物で、「義務付け法」の仕組みは再生可能エネルギーの推進に効果的なモデルとして今、世界六〇カ国あまりで活用されている。シェーアは、この功績を高く評価されて「第二のノーベル賞」と言われるライト・ライブリフッド賞（より良き社会の建設に貢献した人に与えられる賞）がシェーアに授与された。二〇一〇年十月、シェーアは急死し、ドイツの人びとは再生可能エネルギーの普及に大きな実績を残した優れた政治家の死を悼んだ。

ところで、ドイツでは脱原発を目指す運動が四十年間、粘り強く続けられてきた。ただ運動の初期、すなわち一九七〇年代前半には「一部の人たちがやっていること」と見る国民が多かった。だが運動が全国的な規模に広がった七〇年代後半以降、多くの人が次第に原発の危険性に対する警戒心を強めた。そして運動に精神的支援をする人が増えていった。原発反対運動がある種の環境教育の役割を果たしたと見ることができるだろう。

これに対し日本ではドイツのような規模の大きい原発反対運動は福島第一原発の事故発生まで一度も起こらなかった。この間、中小の原発事故は、しばしば起こっているのだが、大半の国民は「原発ノー」と言って、立ち上がることはなかった。日本の大電力会社は強い原発批判も反対運動の高まりもない状況をよいことにして、緊張感を持たず、安全対策をなおざりにしてきたのではないだろうか。

政府と電力会社の原発政策は世論の動向によって決まる。原発反対運動によって警戒心を育まれたドイツの人びとと、反対運動がなく、原発に対する強い警戒心も批判的な目も育まれなかった日本の人びととの差異が長い間に拡大し、原発政策と原発を巡る状況に、とてつもなく大きな差異をもたらしたと言えよう。

ドイツの脱原発決定は、どのように位置付けられるのだろうか。クリスチャン・ヴルフ・ドイツ前大統領は、これについて「ドイツは脱原発に舵を切ったが、その答えが見えているわけではない。しかし、もしできるのであればやめたほうがいいと思い、脱原発に賭けてみる。あらゆる力がそれに集中され、いろんな発見があり、いろいろなものが生み出され、結果的には正しかったね、ということになるのではないか。我々はそう思っている」（要旨）と語ったことがある。

日本ではドイツの脱原発について、二つの点から批判的に見る向きがある。

一つ目は、ドイツは脱原発をしても、隣国フランスの原発によって生産された電力の輸入に頼ることになるのではないか。

二つ目は、再生可能エネルギーの買取りを義務付けるためのコストが増大して電気料金が上昇するのなら、脱原発に反対である、というものである。

マスコミが今後の見通しや問題解決の可能性などについてきちんと説明せず、起こった現象だけをストレートに取り上げ、その後の動きも報道しないために誤解が生じている。

フランスの原発に依存するのかという批判について、エネルギー問題専門家マイケル・シュナイダー氏（一九九七年、ライト・ライブリフッド賞受賞者。フランス人）はフランスの雑誌『メディアパール』二〇一一年五月三十一日号の記事「原子力に未来はない」の中で、要旨次のように述べている。

「その（フランスの原発に頼るという）見解は間違っている。フランスはここ数年、ドイツ電力の純輸入国だった。つまり、両国間の輸出入総額の収支においては、フランスのドイツからの電力の輸入額は、輸出額に上回っていたのである。二〇一〇年には、フランスは原発一基分の生産量に相当する六七億キロワット／時の電力をドイツから輸入した。フランスの輸入は、冬に集中しており、その電力もドイツの石炭火力発電所などから供給されるものである。フランスの冬季における電力消費のピークは、九六ギガワットを記録しているのに対して、ドイツは八〇ギガワットに留まっている。ヨーロッパにおける電力の流通を左右するのは、あくまでも市場価格の論理であり、生産量の多い少ないではない」

国境を接している欧州では季節などで電力に不足が生じれば自由に売り買いしている。ドイツが脱原発で不足する電力をフランスから継続して輸入するというわけではない。隣国同士が多少の不足分を融通し合っているだけのことである。それにドイツは二〇五〇年には必要な電力の八〇パーセントを再生可能電力で自給できるようになる見通しである。

二つ目の電力料金の上昇と脱原発について、一言。ドイツの電力買取りを義務付けた再生可能エネルギー優先法は再生可能エネルギーを拡大するうえで特効薬的な効果を発揮するから、導入されたものである。再生可能エネルギーが拡大され、買取りのための費用が嵩んで電気料金の上昇幅が大きくなったら、買取り価格を引き下げ、場合によっては買取りそのものを中止すればよい。ドイツでは二〇一二年以後に設置される装置については買取り価格が引き下げられた。

「電気料金が上がるのなら、脱原発に反対だ」というのは余りにも短絡的である。二〇一二年十二月現在のドイツの再生可能エネルギーが総電力量の約二三パーセント。これから再生可能エネルギーの拡大に取り組もうとしている日本の場合、今のドイツのレベルまで固定価格で買い取る制度を使って再生可能エネルギーを拡大していくべきである。

ところで、福島第一原発の爆発事故を機にウェブサイトを立ち上げ、ドイツの脱原発のプロセスや再生可能エネルギー拡大のための取り組みについて日本向けに最新情報を送り続けているベルリン在住の日本人グループがある。原発事故後の日独のマスメディアの報道姿勢の違いと、日本で暮らす日本人がドイツ人ほど危機感を感じていないことに衝撃を受けたのが直接のきっかけで、「自分たちがドイツの状況を日本語で伝えることで、日本で脱原発に向けて活動する人たちの役に立てるのではないか」と考え、立ち上げたという。

執筆者はベルリン在住の八人の日本人女性。環境学を学ぶ二十代の大学院生から現役の建築家、元新聞記者まで多彩なメンバー。四人がフリーのジャーナリストで、編集者もいる。ドイツ生活が長い人が多く、一九八六年四月のチェルノブイリの原発事故をドイツで経験した人が四人もいるということである。

メンバーの一人で七十代の現役ジャーナリスト、永井潤子さん（ドイツの公共国際放送、ドイチェ・ヴェレ日本語放送元記者）は、筆者の大学時代の部活（ドイツ研究会）の仲間。筆者は彼女から「みどりの 1kWh」を立ち上げたという知らせを受けて以来、愛読している。多彩な記事からは「脱原発先進国・ドイツの情報を、少しでも多くの人に届けたい」という思いが伝わってくる。サイトは HYPERLINK "http://midori1kwh.de"

福島第一原発事故から二年後の二〇一三年三月十一日、ドイツでは二年前に決定した脱原発時期（二〇二二年）をもっと早めるよう求めるデモや集会が全国各地で開かれた。ドイツの新聞もテレビも、福島第一原発事故があたかもドイツで起こったかのように連日、「フクシマ」や原発問題を取り上げた。このことからも、原子力と脱原発がドイツの人びとにとって、いかに強い関心事であるかがわかる。

なお、本書の編集にはドイツの環境・エネルギー政策や脱原発問題などに詳しいベルリン自由大学大学院修士課程、一柳絵美さんのご協力を得た。彼女はミランダ・A・シュラーズ同大学環境政策研究センター長（脱原発をメルケル首相に提言した倫理委員会メンバーの一人）のもとで環境マネージメントを専攻している。

本書は筆者が過去四十年近くフォローしてきたドイツの原発問題の調査・研究の集大成である。ドイツの人びとにとって極めて重要なテーマであり、関心事でもある原発問題と脱原発の歩みを日本と比較する形で報告できたのは、またとない喜びである。

最後に、本書を世に出してくださった合同出版と編集の労を取っていただいた編集部の下門祐子さんに心より感謝申し上げる。

二〇一三年六月

川名　英之

ミランダ・A・シュラーズ『ドイツは脱原発を選んだ』岩波書店、2011 年。
http://www.bmwi.de（ドイツ経済・科学技術省）
http://www.bmu.de（ドイツ環境・自然保護・原子炉安全省）
http://www.bundesregierung.de（ドイツ連邦政府）
http://www.gruene.de（90 年連合・緑の党）
http://www.spd.de（ドイツ社会民主党）
http://www.cdu.de（キリスト教民主同盟）

第９章　巨大事故後、ドイツを追う日本

植田和弘・梶山恵司『国民のためのエネルギー原論』日本経済新聞出版社、2011 年。

吉岡斉『原発と日本の未来――原子力は温暖化対策の切り札か』岩波書店、2011 年。

植田和弘「選択されるべきエネルギー政策とは何か」、『世界』2012 年９月号所収、岩波書店。

ｅシフト（脱原発・新しいエネルギー政策を実現する会）編『脱原発と自然エネルギー社会のための発送電分離』合同出版、2012 年。

梶山恵司「グリーン成長戦略とは何か」、『世界』2013 年２月号所収、岩波書店。

マイケル・シュナイダー、アントニー・フロガット他著、田窪雅文訳「原子力ｖｓ再生可能エネルギー」『世界』2013 年２月号所収、岩波書店。

ミランダ・A・シュラーズ『ドイツは脱原発を選んだ』岩波書店、2011 年。

飯田哲也「これが 3・11 後の原子力政策なのか」、『世界』2013 年７月号所収、岩波書店。

終章　原発反対運動が築いた環境先進国ドイツ

Wolfgang Brune, Zur Deutschen Energiewirtshaft an der Schwelle des neuen Jahrhunderts, B.G.Teubner Stuttgart. Leipzig, 2000.
Rie Watanabe, Climate Policy Changes in Germany and Japan, Routledge, 2011.

Katrin Jordan-Korte, Government Promotion of renewable Energy Technologies,Policy Approaches and Market Development in Germany, the United States, and Japan, GABLER, 2010.
Eliza Strickland"24 Hours at Eliza Strickland"24 Hours at Fukushima　"Journal"　IEEE（Institute of Electrical and Electronics Engineers Spectrum" September 2011.（IEEE は米国・電気電子技術者協会。世界最大の学会）
Rie Watanabe, Climate Policy Changes in Germany and Japan, Routledge, 2011.

第６章　社会民主党と緑の党の連立政権樹立

Oskar Niedermayer,"Die Parteien nach der Bundestagswahl 1998"Opladen（1999）
川名英之『世界の環境問題』第１巻・ドイツと北欧、緑風出版、2005 年。
井関正久『ドイツを変えた 68 年運動』白水社、2005 年。
和田武『飛躍するドイツの再生可能エネルギー』世界思想社、2008 年。
西田慎『ドイツ・エコロジー政党の誕生――「68 年運動」から緑の党へ』昭和堂、2009 年。
小野一『ドイツにおける「赤と緑」の実験』御茶の水書房、2009 年。
Wolfgang Brune, Zur Deutschen Energiewirtshaft an der Schwelle des neuen Jahrhunderts, B.G.Teubner Stuttgart. Leipzig, 2000.
木戸衛一「脱原発を決断したドイツ」、『季論 21』2011 年夏号所収、本の泉社。
若尾裕司・本田宏『反核から脱原発へ』昭和堂、2012 年。
ワールドウオッチ研究所編著、松下和夫監訳『地球環境データブック　2012 ～ 13』ワールドウオッチジャパン、2013 年。
http://www.bmwi.de（ドイツ経済・科学技術省）
http://www.bmu.de（ドイツ環境・自然保護・原子炉安全省）
http://www.bundesregierung.de（ドイツ連邦政府）
http://www.gruene.de（90 年連合・緑の党）
http://www.spd.de（ドイツ社会民主党）
http://www.cdu.de（キリスト教民主同盟）

第７章　フクシマで破綻した原発延命策

Wolfgang Brune, Zur Deutschen Energiewirtshaft an der Schwelle des neuen Jahrhunderts, B.G.Teubner Stuttgart. Leipzig, 2000.
Eliza Strickland"24 Hours at Eliza Strickland"24 Hours at Fukushima"Journal"IEEE（Institute of Electrical and Electronics Engineers Spectrum" September 2011.（IEEE は電気電子技術者協会。米国。世界最大の学会）
別冊宝島編集部編『世界で広がる脱原発　フクシマは世界にどう影響を与えたのか』宝島社、2011 年。
熊谷徹『なぜメルケルは「転向」したのか――ドイツ原子力 40 年戦争の真実』日経ＢＰ社、2012 年。

第３章　緑の党の誕生と驚異の躍進

永井清彦『緑の党　新しい民主の波』講談社現代新書、1983 年。

遠藤マリヤ『ブロックを超える　西ドイツ緑の党』亜紀書房、1983 年。

穴場歩「緑の党の発生と戦後西ドイツ」、犬童一男・山口定・馬場康雄・高橋進『戦後デモクラシーの変容』所収、岩波書店、1991 年。

丸山仁「ドイツ緑の党の軌跡」、丸山仁編著『環境政治への視点』所収、信山堂、1997 年。

川名英之『どう創る循環型社会――ドイツの経験に学ぶ』緑風出版、1999 年。

川名英之『こうして…森と緑は守られた！！　自然保護と環境の国ドイツ』三修社、1999 年。

川名英之『世界の環境問題』第１巻・ドイツと北欧、緑風出版、2005 年。

井関正久『ドイツを変えた 68 年運動』白水社、2005 年。

西田慎『ドイツ・エコロジー政党の誕生――「68 年運動」から緑の党へ』昭和堂、2009 年。

若尾裕司・本田宏『反核から脱原発へ』昭和堂、2012 年。

第４章　チェルノブイリ事故と放射能汚染

永井清彦「『チェルノブイリ以後』の西ドイツと日本」、『現代の理論』1986 年９月号所収、現代の理論社。

朝日新聞社原発問題取材班『地球被曝　チェルノブイリ原発事故と日本』朝日新聞社、1987 年。

松岡信夫『ドキュメント　チェルノブイリ』緑風出版、1988 年。

高木仁三郎『巨大事故の時代』弘文堂、1989 年。

ジョレス・メドヴェジェフ著、吉本晋１郎訳『チェルノブイリの遺産』みすず書房、1992 年。

七沢潔「チェルノブイリ 20 年　危うい分岐点を歩いて」（連載最終回）運転員が背負った十字架」、『世界』2007 年２月号所収、岩波書店。

川名英之『世界の環境問題』第２巻・西欧、緑風出版、2007 年。

川名英之『世界の環境問題』第４巻・ロシアと旧ソ連邦諸国、緑風出版、2009 年。

フーベルト・ヴァイガー・ドイツ環境・自然保護連盟代表の講演資料（2011 年９月）。

ヴァスィリ・シクリャル、ムィコラ・シバコヴァトゥィー著、河田いこひ訳『チョルノブイリの火　勇気と痛みの書』風媒社、2011 年。

若尾裕司・本田宏『反核から脱原発へ』昭和堂、2012 年。

第５章　コール政権の太陽光・風力発電政策

Oskar Niedermayer,"Die Parteien nach der Bundestagswahl 1998"Opladen（1999）
Wolfgang Brune, Zur Deutschen Energiewirtshaft an der Schwelle des neuen Jahrhunderts, B.G.Teubner Stuttgart,Leipzig, 2000.
川名英之『世界の環境問題』第１巻・ドイツと北欧、緑風出版、2005 年。

参考文献

ドイツの脱原発40年の歩み

第1章　反原発運動の前史

前田寿『原子力と国際政治』岩波新書、1958年。

遠藤マリヤ『ブロックを超える　西ドイツ緑の党』亜紀書房、1983年。

岩波書店編集部『核兵器と人間の鎖』岩波書店、1983年。

立花誠逸「核戦争の危機と民衆――西ヨーロッパ平和運動の再生要因」、『平和研究』第9号（1984年11月）所収、日本平和学会。

中内通明「西ドイツの原発とその政策」、『レファレンス』1984年7月号所収、国立国会図書館。

Wolfgang Müller :"Geschichte der Kernenergie in der Bundesrepublik Deutschland " SCHAFFER（1990）

岩間陽子『ドイツ再軍備』中央公論社、1993年。

坂本義和編『核と人間　I　核と対決する20世紀』岩波書店、1999年。

本田宏「原子力をめぐるドイツの紛争的政治過程（2）――反原発運動前史（1975～77）、『北海学園大学法学研究』第36巻第2号所収、北海学園大学法学会、2000年。

川名英之『世界の環境問題』第1巻・ドイツと北欧、緑風出版、2005年。

井関正久「冷戦の変容と東西ドイツ市民」、若尾裕司・井上茂子編著『近代ドイツの歴史　18世紀から現代まで』ミネルヴァ書店、2005年。

長谷川公一『脱原子力社会へ――電力をグリーン化する』岩波新書、2011年。

若尾裕司・本田宏『反核から脱原発へ』昭和堂、2012年。

第2章　激化する原発反対運動

高木仁三郎「ライン川を原発から守る運動――西ドイツ・ヴィール村のたたかい」、『朝日ジャーナル』1975年6月13日号所収、朝日新聞社。
ロベルト・ユンク著、山口祐弘訳『原子力帝国』1989年。
Wolfgang Müller :"Geschichte der Kernenergie in der Bundesrepublik Deutschland " SCHAFFER（1990）
Jerome Price :"The Antinuclear Movement"Twayne Publishers（1990）
広瀬隆『ドイツの森番たち』集英社、1994年。
Saral Sarkar, Green-Alternative Politics in West germany Vol.1, The New Social Movements, Promilla & Co., publis hers and United Nations universal press.
川名英之『世界の環境問題』第1巻・ドイツと北欧、緑風出版、2005年。
長谷川公一『脱原子力社会へ――電力をグリーン化する』岩波新書、2011年。
本田宏「原子力をめぐるドイツの紛争的政治過程（2）――反原発運動前史（1975～77）、『北海学園大学法学研究』第36巻第2号所収、北海学園大学法学会、2000年。
若尾裕司・本田宏『反核から脱原発へ』昭和堂、2012年。

める　規制委批判も」
（3）前掲紙記事。
（4）植田和弘『国民のためのエネルギー源論』（日本経済新聞出版社、2011 年）110 ページ。
（5）前掲書 110 ページ。
（6）飯田哲也「これが 3・11 後の原子力政策なのか」、『世界』2013 年 7 月号所収（岩波書店）203 ページ。

終章　原発反対運動が築いた環境先進国ドイツ

（1）マルチン・クッチャ「西ヨーロッパ、とくにドイツ連邦共和国における環境保護の現実的諸問題」（『法律時報』61 巻第 2 号所収、日本評論社）82 ページ。
（2）前掲誌 82 ページ。
（3）川名英之『世界の環境問題』第 1 巻・ドイツと北欧（緑風出版、2005 年）316 ページ。

320 ～ 321 ページ。
（4）フーベルト・ヴァイガー・ドイツ環境自然保護同盟代表講演（2011 年 9 月、国会議員会館）。
（5）前掲講演。
（6）現地取材。

第 6 章　社民・緑の党の連立政権樹立

（1）小野一『ドイツにおける「赤と緑」の実験』（御茶の水書房、2009 年）27 ページ。
（2）前掲書 29 ページ。
（3）前掲書 29 ページ。
（4）前掲書 36 ページ。
（5）小野一『ドイツにおける「赤と緑」の実験』（御茶の水書房、2009 年）144 ～ 145 ページ。
（6）西田慎『ドイツ・エコロジー政党の誕生――「68 年運動」から緑の党へ』（昭和堂、2009 年）119 ページ。
（7）前掲書 27 ページ、147 ～ 150 ページ。
（8）ドイツ環境自然保護連盟代表、フーベルト・ヴァイガーの講演（国会議員会館）。西田慎『ドイツ・エコロジー政党の誕生――「68 年運動」から緑の党へ』（昭和堂、2009 年）200 ページ。
（9）井関正久『ドイツを変えた 68 年運動』（白水社、2005 年）132 ページ。
（10）前掲書 134 ページ。
（11）前掲書 115 ～ 117 ページ。
（12）西田慎『ドイツ・エコロジー政党の誕生――「68 年運動」から緑の党へ』（昭和堂、2009 年）199 ページ、200 ページ。
（13）前掲書 201 ページ。

第 7 章　フクシマで破綻した原発延命策

（1）ドイツ環境・自然保護連盟代表、フーベルト・ヴァイガーの講演（国会議員会館）。
（2）前掲講演。
（3）熊谷徹『なぜメルケルは「転向」したのか――ドイツ原子力 40 年戦争の真実』（日経ＢＰ社、2012 年）155 ～ 156 ページ。
（4）ドイツ環境・自然保護連盟代表、フーベルト・ヴァイガーの講演（国会議員会館）。
（5）『朝日新聞』2012 年 3 月 16 日記事「太陽光発電　ドイツ曲がり角　買い取り価格引き下げへ」。

第 9 章

（1）ミランダ・A・シュラーズ『ドイツは脱原発を選んだ』（岩波書店、2011 年）50 ～ 51 ページ。
（2）『朝日新聞』2013 年 5 月 19 日記事「経産省、民間提言に関与　原発再稼働求

（４）西田慎『ドイツ・エコロジー政党の誕生――「68 年運動」から緑の党へ』（昭和堂、2009 年）172 ページ。
（５）小野一『ドイツにおける「赤と緑」の実験』（御茶の水書房、2009 年） 8 ～ 9 ページ。

第４章　チェルノブイリ事故と放射能汚染

（１）川名英之『世界の環境問題』第４巻・ロシアと旧ソ連邦諸国（緑風出版、2009 年）315 ページ。
（２）川名英之『ドキュメント　日本の公害』第 12 巻・地球環境の危機（緑風出版、1995 年）328 ページ。
（３）7 沢潔「チェルノブイリ 20 年　危うい分岐点を歩いて」（連載最終回）運転員が背負った十字架」、『世界』2007 年２月号所収（岩波書店）259 ページ。264 ～ 265 ページ。
（４）七沢潔「チェルノブイリ二〇年 危うい分岐点を歩いて（最終階）運転員が背負った十字架」、『世界』2007 年２月号所収（岩波書店）。
（５）ヴァスィリ・シクリャル、ムィコラ・シバコヴァトゥィー著、河田いこひ訳『チョルノブィリの火　勇気と痛みの書』（風煤社、2011 年）25 ページ。
（６）『毎日新聞』2000 年 12 月 16 日記事。
（７）前掲書 331 ページ。
（８）ジョレス・メドヴェージェフの著書『チェルノブイリの遺産』（みすず書房、吉本晋一郎訳、1992 年）237 ページ。
（９）前掲書 240 ～ 241 ページ。
（10）前掲書 239 ページ
（11）前掲書 239 ページ。
（12）朝日新聞社原発問題取材班『地球被曝――チェルノブイリ事故と日本』（朝日新聞社、1987 年）97 ページ。若尾裕司・本田宏『反核から脱原発へ』（昭和堂、2012 年）211 ページ。
（13）熊谷徹『なぜメルケルは「転向」したのか――ドイツ原子力 40 年戦争の真実』（日経ＢＰ社、2012 年）22 ページ。
（14）佐藤温子「チェルノブイリ原発事故後のドイツ社会」、若尾裕司・本田宏『反核から脱原発へ』所収（昭和堂、2012 年）199 ～ 200 ページ。
（15）川名英之『世界の環境問題』第１巻・ドイツと北欧（緑風出版、2005 年）209 ページ。

第５章　コール政権の太陽光・風力発電政策

（１）川名英之『ドキュメント　日本の公害』第 12 巻・地球環境の危機（緑風出版、1995 年）66 ページ。
（２）前掲書 65 ページ。
（３）川名英之『世界の環境問題』第１巻・ドイツと北欧（緑風出版、2005 年）

出典注記

ドイツの脱原発40年の歩み

第１章　1970年代の原発大量建設政策

（１）本田宏「原子力をめぐるドイツの紛争的政治過程（１）――反原発運動前史（1954～74）、『北海学園大学法学研究』第36巻第2号所収（北海学園大学法学会、2000年11月）268ページ。
（２）前掲誌268～269ページ。
（３）前掲誌271ページ。
（４）前掲誌272ページ。
（５）前掲誌273ページ。
（６）前掲誌285ページ。ヘルムート・シュミット著、永井清彦・片岡哲史・三輪晴啓・内野隆司訳『ドイツ人と隣人たち　上』（岩波書店、1991年）259ページ。
（７）若尾裕司・本田宏『反核から脱原発へ』（昭和堂、2012年）85ページ。

第２章　激化する原発反対運動

（１）高木仁三郎「ライン川を原発から守る運動――西ドイツ・ヴィール村のたたかい」、『朝日ジャーナル』1975年6月13日号所収（朝日新聞社）86ページ。
（２）本田宏「原子力をめぐるドイツの紛争的政治過程（２）――反原発運動前史（1975～77）、『北海学園大学法学研究』第36巻第2号所収（北海学園大学法学会、2000年11月）493～495ページ。
（３）高木仁三郎「ライン川を原発から守る運動――西ドイツ・ヴィール村のたたかい」、『朝日ジャーナル』1975年6月13日号所収（朝日新聞社）86ページ。
（４）Saral Sarkar, Green-Alternative Politics in West germanyVol.1, The New Social Movements, Promilla & Co., publis hers and United Nations universal press. 117ページ。
（５）前掲書118ページ。
（６）前掲書118ページ。
（７）前掲書118～119ページ。
（８）前掲書123ページ。

第３章　「緑の党」の誕生と驚異の躍進

（１）西田慎『ドイツ・エコロジー政党の誕生――「68年運動」から緑の党へ』（昭和堂、2009年）74～75ページ。
（２）ハンス・ヴェルナー他共編、荒川他訳『西ドイツ緑の党とは何か』（人智学出版社、1983年）58～80ページ。
（３）モニカ・シュペル著、木村育世訳『ペトラ・ケリー』（春秋社、1985年）336ページ。

		9月7日　民主党国会議員約70人でつくっている「脱原発ロードマップを考える会」が脱原発基本法を国会に提出。 9月14日　野田政権が2030年代に原発ゼロを可能とするよう、あらゆる政策資源を投入するとの「革新的エネルギー・環境戦略」を決定。閣議決定は、されなかった。 9月19日　原子力規制委員会と原子力規制庁（環境省の外局）が発足。原子力安全・保安院と内閣府原子力安全委員会、廃止。 12月16日　衆議院選挙。自民党の選挙公約は①3年間、再生可能エネルギー、省エネを最大限、推進する、②原発の再稼働の可非は順次判断し、全原発について3年以内の結論を目指す、③遅くとも10年以内には持続可能な電源構成のベストミックスを確立する――である。総選挙の結果、自民党が294議席、民主党が57議席、公明党が31議席。自民、公明両党の連立政権が成立。 12月27日　茂木敏充経済産業省が「2030年代に原発ゼロ」と未着工原発の新増設を認めないとした民主党の方針を見直す考えを表明。
2013	4月9日　ドイツ連邦政府や州政府代表、主要4党代表など超党派の政治家たちが高レベル放射性廃棄物（原発ゴミ）の最終処分施設の立地場所を2031年までに決定することで合意。	2月9日　経済産業省が①2016年をめどに電力の小売りの全面自由化、②2018～20年をめどに発送電分離――を実施する方針を決める。 2月25日　電力会社や原発メーカーのトップらでつくる「エネルギー・原子力政策懇談会（会長・有馬朗人元文部相、座長代理・望月晴文元経済産業事務次官）が原子力規制委員会の安全規制批判や停止中の原発の再稼働を求める要望などが盛り込んだ「緊急提言」を安倍晋三首相と茂木敏充経済産業相に提出。 5月15日　安倍晋三首相が参議院予算委員会で「原発の再稼働に向けて政府一丸となって対応し、できるだけ早く実現していきたい」と述べる。 5月15日　原子力規制委員会が日本原子力研究開発機構に対し「もんじゅ」の運転再開停止を命じる。 6月19日　原子力規制員会が原発の新規制基準を決定。

	時停止。連邦環境相は原子力の専門家からなる原子炉安全委員会（RSK）に対し、稼動中の原発17基についてストレステストの実施を要請。 3月27日　バーデン・ヴュルテンベルク州議会の選挙で、緑の党が24.2パーセントの得票を獲得、社会民主党に次いで第2党に躍進、同党のクレッチュマンが首相に就任。 4月25日　メルケル政権の原発運転年数延長政策への反対を訴える反原発集会が全国約60カ所で開かれ、延べ12万人が参加。 5月22日　メルケル首相、「2022年までに原発を全廃する」と発表、6月6日に原子力法改正案を閣議決定。 5月30日　連邦政府が設置した「安定したエネルギー供給のための倫理委員会」が「約10年以内に脱原発を行なうことは可能であり、望ましい」と勧告する報告書をメルケル首相に提出。 6月30日　2022年までの全原発停止を盛り込んだ原子力法改正案を連邦議会下院が可決、7月8日、同上院が可決。これを受けてシーメンス社が原子力事業からの撤退を正式に決める。 7月　再生可能エネルギー法が改正される。	3月15日　午前6時頃、運転停止中の4号機原子炉建屋で水素爆発、火災も発生した。 最初の炉心溶融は11日午後8時頃、1号機。2号機と3号機は14日（原子力安全・保安院）。福島第一原発の事故はチェルノブイリ原発事故と同じレベル7。 5月6日　菅直人首相が中部電力に浜岡原発の停止を要請。 5月28日　菅首相が国会事故調査委員会の公開ヒアリングで「原子力村の解体が原子力行政の第一歩」と述べる。 6月2日　菅内閣不信任案が大差で否決。 6月20日　復興基本法が成立。 6月26日　細野豪志衆議院議員、原発事故担当相に就任。 7月13日　菅首相が「脱原発依存社会を目指す」と決意を表明。この後、脱原発を個人の考えから政府の方針にするため動く。 8月10日　原子力損害賠償支援機構法、制定。 8月26日　「電気事業者による再生可能エネルギー電気の調達に関する特別措置法」、制定。 9月2日　野田内閣がスタート。 9月26日　「さようなら原発1000万人署名実行委員会」主催の市民集会（東京・明治公園）に約6万人が参加。 12月16日　政府が東電福島第一原発の原子炉が「冷温停止状態になった」として事故収束に向けた工程表ステップ2達成を確認。
2012	1月1日　改正再生可能エネルギー法、施行。	5月　国内の全原発50基が停止。 6月15日　大江健三郎らが呼び掛け人になっている「さようなら原発1000万人署名」で751万人分の署名が集まる。 7月1日　「電気事業者による再生可能エネルギー電気の調達に関する特別措置法」、施行。 7月16日　「さようなら原発1000万人署名実行委員会」主催の集会（東京・代々木公園）に約17万人5000人（主催者発表）が参加。 7月　野田首相が関西電力大飯原発3、4号機再稼働を中部電力に要請、発表。

2004	4月2日　再生可能エネルギー法が全面改正される。	8月9日　関西電力美浜原発３号機で蒸気噴出事故。作業員５人が死亡、６人が負傷。
2005	9月　連邦議会選挙 (9.18) でキリスト教民主・社会同盟が 35.2 パーセント、社会民主党が 34.2 パーセント、自由民主党 9.8 パーセント、左派党 8.7 パーセント、緑の党 8.1 パーセント（51 議席）を得票。結局、キリスト教民主・社会同盟と社会民主党の２大政党の大連立が成立。フィッシャーが政界を引退。	10月1日　核燃料サイクル開発機構と日本原子力研究所を統合・再編、日本原子力研究開発機構として発足。
2006	9月　フィッシャー、米国・プリンストン大学客員教授に転身。 連邦議会選挙で緑の党が過去最高の 68 議席を獲得。	9月　原子力安全委員会が阪神・淡路大震災 (1995.1.17) を受け、原発の耐震設計審査指針を改定。安全・保安院は電力各社に既存の原発が新指針に適合しているかどうかを調べる耐震バックチェックを指示。
2007		7月 16 日　新潟県中越沖地震（マグニチュード 6.8）が発生し、柏崎刈羽原発の3号機横の変圧器が火災を起こした。また地震で６号機の使用済み核燃料プール中の微量放射能を含む冷却水が漏れ、一部が海に流れ込んだ。
2008		12 月 22 日　中部電力浜岡原発 1、2 号機の廃炉決定。
2009	9月 27 日　キリスト教民主・社会同盟が 239 議席、社会民主党が 146 議席、自由民主党が 93 議席、左翼党が 76 議席、緑の党が 68 議席。 10 月 26 日　キリスト教民主・社会同盟と自由民主党の連立政権が成立。	
2010	9月 28 日　メルケル政権は脱原発期限の平均 12 年延長を定めた法案を連邦議会に提出。10 月、連邦議会で可決。 11 月　ゴアレーベン処分場の調査が開始される。 12 月　原子力法が改正され、原発の全廃までの期間が最長で 14 年間、延長された。	12 月　原子力安全委員会が電気事業連合会に対し原発事故の想定や避難地域の設定などに関するデータの提出を依頼。連合会は 11 年 1月、データを提出する一方、「原発が危険と見られて住民の不安や対策費の増加を招く」などの悪影響を列挙した文書を提出した。
2011	3月 11 日　東京電力福島第一原発事故が発生。 3月 12 日　シュトゥットガルトの脱原発デモに約６万人が参加。 3月 17 日　メルケル首相が原子炉の運転期間延長を３カ月間凍結し、古い原子炉 (1980 年以前に運転開始)7 基の操業を一	3月 11 日　東京電力福島第一原子力発電所に巨大津波が襲来、1 号炉～ 4 号機の各原子炉が全交流電源喪失状態となる。 3月 12 日　午後 3 時 36 分、1 号機の原子炉建屋で水素爆発。 3月 14 日　午前 11 時 1 分、3 号機の原子炉建屋で水素爆発。

	方針を採択、支持率がほぼ半減し、急きょ取りやめる。 9月　連邦議会選挙で社会民主党が得票率40.9パーセント、298議席で第1党、キリスト教民主・社会同盟が35.1パーセント、245議席で第2党、緑の党が6.7パーセント、47議席で第3党。 10月20日　第1党の社会民主党と第3党の緑の党の間に脱原発を含む連立協定が成立。シュレーダーが首相、フィッシャーが外相、ユルゲン・トリッティンが環境・自然保護・原子炉安全相に就任。	
1999		9月30日　茨城県東海村にある核燃料加工会社、ジェイ・シー・オー（JCO）東海事業所で誤って所定量の7倍近い量のウラン溶液をタンクに入れ、臨界事故が発生。臨界状態は約20時間続き、国際評価尺度でレベル4の原子力事故となる。周辺住民が避難。
2000	2月　再生可能エネルギー法、制定。 4月　再生可能エネルギー法、施行。 6月　シュレーダー政権と電力業界が国内19基の原発を運転開始から平均32年で全廃することで合意。緑の党が直後のミュンスター党大会で、これを承認。 10月　ゴアレーベン放射性廃棄物処分場の調査が凍結。 —　旧東ドイツ地域にあったモルスレーベン放射性廃棄物処分場の閉鎖が決まる。	7月21日　茨城県沖地震（M6.4）で第一原発の6号機が小口配管破断で自動停止。
2001	9月　改正原子力法、制定。原発の運転期間を原則32年間に延長するなど連邦政府と電力業界との合意（2000年6月）の一部が盛り込まれる。	1月6日　省庁の再編で経済産業省内に原子力安全・保安院、発足。
2002	4月　改正原子力法、施行。 5月　緑の党がヴィースバーデン党大会で選挙綱領「緑は動く！　2002～2006」を決定。 9月　連邦議会選挙で緑の党が結党以来最高の得票率8.6パーセント、55議席を獲得。	8月29日　東電のトラブル隠しが発覚。2000年7月に米国人技術者が内部告発、原子力安全・保安院が2年間、公表しなかった。
2003	4月25日　緑の党のヨシュカ・フィッシャー外相がビザ乱発の監督責任を問われ、連邦議会調査委員会で証人喚問を受ける。	12月24日　東北電力が巻原発計画撤回を表明。

	権が成立。社会民主党のアイヒェルが首相、緑の党のフィッシャーが副首相兼環境相に就任。 1月　再生可能エネルギー発電電力の公共網供給法（買取り義務付け）、施行。	に強く反対した。反対の理由は「対策を受け入れれば、事故の発生する可能性を認めることになり、地元住民との信頼関係が損なわれる」だった。
1992	9月　東ドイツ旧ソ連製軽水炉型原発6基、安全性を問われてすべて閉鎖が決まる。	―　通産省の内部で「過酷事故対策を実施すれば、原発の危険性を認めることになり、裁判でも不利」との慎重論が強まり、国による規制は実施しないことを決めた。
1993	6月　ブラジルのリオデジャネイロで「国連環境開発会議」（通称・地球サミット）が開催される。以後、「持続可能な開発」が地球環境保全のキーワードとなる。	8月9日　非自民6党の連立内閣、成立。首相は細川護熙日本新党代表。
1994	9月　連邦議会選挙で緑の党は7.3パーセント、49議席を獲得。フィッシャーがヘッセン州から連邦議会に。 10月　連邦議会選挙でコール首相率いるキリスト教民主・社会同盟と自由民主党の中道・保守連立政権が5期目に入る。 10月27日　ドイツ基本法を改正、自然保護の規定を盛り込む。	4月5日　高速増殖原型炉「もんじゅ」、初臨界に達する。 6月30日　村山富市内閣、発足。自民、社会、さきがけの連立。 6月　東電福島第一原発2号機の炉心隔壁（シュラウド）上部の溶接部にひび割れ。
1995	2月　ヘッセン州議会選挙では社会民主党が議席数を減らしたが、緑の党は増やし、第3次連立政権が発足。	1月17日　阪神・淡路大震災が発生。震度7。日本列島に多く存在する活断層が原発の安全性を脅かしていることが判明。 12月8日　動力炉・核燃料開発事業団の高速増殖炉「もんじゅ」のナトリウムが漏洩、空気中の酸素に反応して火災が発生。
1996	9月　ハンブルク州議会選挙では社会民主党が議席減で敗北、緑の党が増加。11月、両党の連立政権が成立。	8月4日　新潟県巻町で巻原発建設の是非を問う住民投票、実施。 9月28日　民主党、結成。代表は菅直人と鳩山由紀夫。
1997	12月　第3回気候変動枠組条約締約国会議（COP3）でEU諸国に温室効果ガス8パーセント削減目標（1990年基準）。これを受けてコール首相が「ドイツは25パーセント削減する」と公約。	3月11日　動力炉・核燃料開発事業団の東海再処理施設アスファルト固化処理施設で火災・爆発事故が発生。
1998	3月　ニーダーザクセン州議会選挙で社会民主党が前回比3.6パーセント増の47.9パーセントを得票。ゲルハルト・シュレーダー州首相が連邦首相候補に決まる。緑の党はマグデブルク党大会で選挙プログラムに、環境税の導入によるガソリン税の値上げ（10年間に時価の約3倍の5マルクに）	10月1日　動力炉・核燃料開発事業団に代わり核燃サイクル開発機構が設置される。

1986	4月　チェルノブイリ原発（ソ連ウクライナ共和国）事故が発生、西ドイツにも放射能汚染。バイエルン州では深刻な被害。 5月　西ドイツの労働総同盟がヴァッカースドルフの核廃棄物再処理施設とカルカーの高速増殖炉の操業反対を決める。 6月　ブロックドルフ原発や再処理施設のヴァッカースドルフ建設予定地では反対運動が激化する。	
1987	1月　連邦議会選挙でキリスト教民主・社会同盟の得票率が 1953 年以来、最低の 44.3 パーセント、緑の党は 83 年 3 月の 5.6 パーセントを大きく上回る 8.3 パーセント。 2月9日　ヘッセン州の社会民主党と緑の党の連立政権が崩壊。ヨシュカ・フィッシャー環境相、解任。	4月 23 日　福島県沖地震（M6.5）で第一原発の1号機、3号機、5号機が出力の異常上昇で自動停止。
1988	12 月　緑の党のカールスルーエ党大会でフィッシャーを中心とする現実派の優勢が決定的になる。	
1989	2月　ヘッセン州の社会民主党と緑の党による連立政権が崩壊。 8月 チェコやハンガリーなどの西ドイツ大使館に移住を希望する人びとが流入。 9月 ブダペストの西ドイツ大使館に流入した東ドイツ市民がオーストリア経由で西ドイツに。 10月18日　東ドイツでホーネッカー書記長・国家評議会議長が辞任。 11 月 9 日　ベルリンの壁が開く。	
1990	7月1日　東西ドイツの通貨統合。 10月3日　東西ドイツが統一される。 12 月 2 日　統一ドイツ最初の連邦議会選挙で緑の党が議席ゼロ。5 パーセント条項が東西別々に適用されたために旧東ドイツの市民運動グループ「90 年連合」と東の緑の党 (89 年秋、結成) の選挙連合が 6.1 パーセント、8 議席を獲得。	9月9日　東電福島第1原発3号機事故。主蒸気隔離弁を止めるピンが壊れ、原子炉圧力が上昇して原子炉が自動停止。
1991	1月　ヘッセン州議会選挙で社会民主党と緑の党の議席数合計がキリスト教民主同盟と自由民主党のそれを 2 議席上回り、連立政	2月9日　関西電力美浜原発2号機、蒸発生器の伝熱細管の1本が金属疲労で破断、微量の放射性ガス漏れ。 ―　通産省がチェルノブイリ原発事故を受けて過酷事故対策の実施を検討した。各電力会社が国から対策を義務付けられること

	10月　緑の党が初めてブレーメン州議会に議席を獲得。 12月　北大西洋条約機構が「二重決議」。	
1980	1月13日　緑の党結成大会開く。緑の党が誕生。 3月　緑の党、綱領大会 4月　ゴアレーベンの放射性廃棄物処理施設を占拠した反対派が警察力で排除される。 11月　クレーフェルトで核ミサイル配備反対集会、「クレーフェルト・アピール」が採択される。	
1981	2月　ハンブルク郊外のブロックドルフで原発反対デモ。 10月　ボンで中距離核ミサイル反対の30万人デモ。 12月　東西ドイツ首脳が11年ぶりに会談。	
1982	4月　軍拡反対の復活祭デモが復活。以後、このデモに毎年、数十万人が参加。 6月　ボンで　北大西洋条約機構の会議を開催。レーガン米国大統領が来訪、40万人が反対デモ。ハンブルク州議会選挙で、緑の党・オルターナティブリストが初当選。 10月　シュミット政権が崩壊、キリスト教民主・社会同盟と自由民主党の連立政権が成立。首相はヘルムート・コール・キリスト教民主同盟党首。	
1983	3月　緑の党が連邦議会に27議席を占める。 10月　反核集会に全国で130万人が参加。 11月　連邦議会で中距離核ミサイルの配備が決定。緑の党代表団が東ベルリンで東ドイツの活動家と、中距離核ミサイルの東西ドイツ配備反対運動をテーマに会合。東ベルリンにおける抗議デモは実現せず。	
1984	7月　リヒャルト・フォン・ヴァイッゼッカーが大統領就任。85年5月、敗戦40周年記念演説。	4月27日　電気事業連合会が青森県知事北村正哉に「核燃料サイクル施設立地協力要請」を提出。
1985	10月　ヘッセン州で社会民主党と緑の党の連立政権が成立。ヨシュカ・フィッシャーが環境相に就任。	4月18日　青森県の北村正哉県知事が電事業連合会の協力要請受入れを回答。県、六ヶ所村、原燃サービス、原燃産業が立地協定に調印。

1973	5月　連邦議会が基本条約および国連加盟を批准。 10月23日　石油危機、発生。 ―　第4次原子力計画（1973～76年）。高速増殖炉と高温ガス冷却炉の新型炉開発に重点。	3月　関西電力美浜（みはま）原発1号機燃料棒破損事故。 8月27日　伊方原発周辺の農漁業者35人が内閣総理大臣を相手取って国による伊方原発1号炉立地許可の取消しを求める裁判を松山地裁に起こす。原発の設置を許可した国を訴えた初めての裁判。 7月25日　通産省に資源エネルギー庁、設置。 9月1日　原子力船むつ、放射能漏れ事故。 10月23日　石油危機、発生。
1974	5月　ブラント首相が秘書ギヨームのスパイ事件の責任で辞任、SPDのヘルムート・シュミットが首相に就任。	6月　電源三法（発電用施設周辺地域整備法、電源開発促進税法、電源開発促進対策特別会計法）が制定される。これを基に原発建設が推進される。
1975	1月　ヴィール原発建設予定地売却についての住民投票、賛成多数で売却が決まる。 2月17日、工事が始まる。 2月下旬　ヴィール原発建設予定地を反対派が占拠。これ以降、新左翼系のグループなどが大挙して原発反対運動に参加。 3月　フライブルク行政裁判所がヴィール原発建設工事の中断を命じる。	1月7日　福島第二原発1号炉設置許可取り消し訴訟、提起。
1976		1月　科学技術庁に原子力安全局を設置。 4月2日　東電福島第一原発2号機、火災事故。
1977	2月9日　上級行政裁判所がブロックドルフ原発の建設工事差し止め判決。立地計画が一時、頓挫。 ―　第一次石油危機以降の原発建設推進策で9基が建設される。	
1978	3月　シュレスヴィッヒ・ホルシュタイン州議会選挙で緑の党が初めて立候補。中性子爆弾阻止の国際フォーラムが東西各国代表の参加によりアムステルダムで開かれる。約5万人が中性子爆弾阻止を訴えてデモ。 7月　ヘルベルト・グルールが「緑の行動・未来」を設立。	4月25日　松山地裁が「原子炉の設置許可は周辺住民との関係でも国の裁量行為に属する」などとして、住民側全面敗訴の判決。判決が「原発の安全神話」を広める。 6月12日　宮城県沖地震（M7.4）で第一原発の1号機、2号機、5号機が送電停止。 10月　原子力安全委員会が発足。 11月2日　東電福島第一原発3号機、操作ミスで臨界事故。
1979	3月　米国ペンシルヴェニア州でスリーマイル島原発事故が発生。 6月　第2次石油危機が始まる。	

	0月15日　アデナウアー首相が辞任。後任はエアハルト。 —　第2次原子力計画（1963～67年）。米国型軽水炉や高速増殖炉などの開発重点。	
1964		11月9日　佐藤栄作内閣、成立。 11月17日　公明党結成大会。
1965		5月4日　日本初の商業用原子炉、東海原発が初めて臨界に到達する。 —　下半期、「いざな議景気」、始まる。
1966	10月　エアハルト首相が辞任。 12月　キリスト教民主・社会同盟（CDU/CSU）と社会民主党（SPD）の大連立が成立。首相はキージンガーCDU党首、副首相兼外相はウイリー・ブラント社会民主党党首。	7月25日　日本原子力発電東海発電所1号機の営業運転、開始。日本最初の商業用原発。
1967		10月2日　動力炉・核燃料開発事業団（動燃）が原子燃料公社を母体として発足。 12月11日　佐藤栄作首相、非核3原則を言明。
1968	5月　フランスで左派系学生がパリ大学分校を占拠、カルチエラタンで市街戦。既存の体制に若者たちの異議申し立てが日本、ドイツなどに波及。 —　第3次原子力計画（1968~72年）、策定。高速増殖炉と高温ガス冷却炉の新型炉開発に重点。西ドイツの原発建設が本格化。	—　国民総生産（GNP）、西ドイツを抜いて米国に次ぐ第2位。
1969	10月　社会民主党と自由民主党の連立政権が成立。首相はブラント。 12月　ブラント、東方政策を開始。	5月30日　政府、新全国総合開発計画を決定。 6月12日　原子力船「むつ」が進水。 12月27日　第32回総選挙。自民党は事後入党含め300。社会党が50議席減。
1970	8月　ブラント首相が訪ソ、モスクワ条約に調印。 12月　ブラント首相がポーランドを訪問、ワルシャワ条約に調印。	10月29日　佐藤栄作、自民党総裁選で三木武夫を破って4選。 11月28日　関西電力美浜原発1号機、営業運転開始。
1971	10月　連邦政府が「環境プログラム」を発表。ブラント首相がノーベル平和賞を受賞。	11月30日　東京電力福島第一原発1号機が運転開始。
1972	5月　連邦議会がモスクワ、ワルシャワ両条約を批准。 環境保護市民イニシアティブ全国連合（BBU）が結成される。 12月　東西ドイツが「基本条約」に調印。	6月11日　通産相田中角栄、『日本列島改造論』を発表。 7月7日　田中角栄内閣が成立。 9月29日　日中共同声明に調印、日中両国が国交を回復。

		11月15日　自由党と日本民主党の保守合同により自由民主党が成立。 12月19日　臨時国会で「原子力基本法」、「原子力委員会設置法」、原子力局の新設を含む「総理府設置法の一部改正」のいわゆる原子力三法が議員立法により成立。
1956	1月　産業界・学会・政府代表で構成するドイツ原子力委員会が発足。核廃棄物最終処分場を岩塩層に建設する方針を決定。 7月　一般兵役義務法が成立。 ―　第1次原子力計画（1956～62年）がスタート。同委員会はこの中で①発電炉の速やかな建設、②高温ガス炉や高速増殖炉の中長期的な開発――の2点を提言、多様な実験用原子炉の建設が始まる。	1月1日　原子力委員会が設置される。初代の委員長は読売新聞社社主で、衆議院議員の正力松太郎。 5月19日　科学技術庁が設置される。正力松太郎が初代長官に就任。 6月　国産原子炉の開発を目的として特殊法人・日本原子力研究所が発足。
1957		4月28日　正力松太郎科学技術庁長官が首相官邸に経済界の主要な人物を集め、平和利用懇談会を結成。 5月　原子炉等規制法、成立。 8月27日　「日本実験原子炉」（JRRI。通称・東海原発）が完成、稼働。 11月1日　電気事業連合会加盟の9電力会社と電源開発の出資で日本原子力発電を設立。
1958	9月　アデナウアー、ドゴール・フランス大統領と会談、独仏協調で合意。	6月12日　第2次岸信介内閣、成立。中曽根康弘、科学技術庁長官に就任。
1959	11月　社会民主党（SPD）がバート・ゴーデスベルク綱領を制定。 12月　「原子力の平和利用及びその危険の防止に関する法律」（略称・原子力法）が成立。	
1960		12月27日　政府、国民所得倍増計画を決定。高度成長政策の本格的な推進。
1961	8月13日　東ドイツが東西ベルリンの交通を遮断、ベルリンの壁建設を始める。	6月17日　原子力損害賠償法、公布。
1962		9月　日本原子力研究所の国産原子炉が初臨界。 10月5日　政府、全国総合開発計画を決定。
1963	6月　西ドイツ最初の実験的な原子力発電所であるカールスルーエ原子力研究所が完成。 6月23日　ジョン・ケネディ米国大統領が西ドイツを公式訪問。	

		9月8日　連合国48カ国と日本との対日講和条約調印。日米安全保障条約調印。
1952	5月　「ドイツ連邦共和国と米、英、仏3カ国との関係に関する条約」調印。これにより、西ドイツの占領状態が事実上、終結。 5月　エッセンで再軍備反対の大デモ。警察の発砲で2人が死亡。	4月28日 対日講和条約、発効（批准）。日本は独立を回復し、原子力研究も全面的に解除。日米安全保障条約、発効。 10月 日本学術会議総会で、三村剛昂広島大学教授が茅誠司東京大学教授の提唱した原子力研究再開に反対意見。
1953	12月8日　アイゼンハワー米国大統領が国連総会で、原子力の平和利用における国際協力を提唱。「各国が共同で核分裂物質を国連の国際原子力機関に出し合い、それを欲する国に分配すべきだ」と提案し、国際原子力機関（IAEA）の設立構想を発表。	
1954	2月 連邦議会、基本法の「国防規定第一次補充法」を可決。 9月 ロンドンの9カ国会議で、西ドイツの再軍備、主権回復、NATOと西欧同盟加盟の方針を決定したロンドン協定に調印。 10月3日 西ドイツの国家主権回復や再軍備、北大西洋条約機構（NATO）および西欧連合（WEU）加盟を認めたパリ条約（4協定）に調印。米、英、仏のドイツ占領体制が正式に終結。占領軍規則、高等弁務官を廃止。	3月1日 マーシャル諸島・ビキニ環礁で米国の水爆「ブラボー」の爆発実験が行われ、マグロ漁船「第五福竜丸」の乗組員たちが被曝。実験で放出された放射能が検出された遠洋漁船は厚生省の調査で856隻と判明。 3月3日 アイゼンハワーの原子力平和利用提案を受け中曽根康弘議員を中心に自由、改進、日本自由の3党衆議院議員が作成した原子力開発予算案を提出。4月3日、日本初の原子力予算が成立。予算額は2億3500万円。 4月27日 米国の国家安全保障会議作業部会で、反核・反米の動きを抑え込むために、原子力の平和利用博覧会を日本で開催する方針が決まる。 9月23日「第五福竜丸」の被曝で重い肝臓障害を起こした久保山愛吉無線長が死亡。この後、原水爆反対署名運動が盛り上がる。
1955	5月5日　パリ条約（4協定）が発効、西ドイツが北大西洋条約機構（NATO）に正式加盟。西ドイツは本格的な原子力研究開発の再開を連合国から正式に許可される。 6月　西ドイツが国防省を設置。連邦軍編成、再軍備を開始。 10月　西ドイツが連邦原子力問題省を設置。	1月19日　ウィーンで開かれた世界平和評議会拡大執行局会議で、安井郁原水爆禁止杉並協議会議が日本の署名運動について報告、世界各国での署名活動を呼びかける。署名は1955年春の時点で世界の6人に1人に当たる6億6000万人。 8月　第1回原水爆禁止世界大会。原水爆反対署名が全国の成人の半数以上に当たる3158万3123人。 11月　日米原子力協定、調印。

ドイツと日本の原発の歩み比較年表

（第2次世界大戦後〜 2012年12月）

年	ドイツ	日本
1945	5月8日　ドイツが無条件降伏。 11月20日　ニュルンベルク国際軍事裁判が始まる。1946年10月まで。	8月6日　広島に原子爆弾が投下される。 8月9日　長崎に2つ目の原爆投下。 8月15日　天皇がポツダム宣言受諾、戦争終結の詔書を「玉音放送」。 8月28日　連合国最高司令官ダグラス・マッカーサー、厚木飛行場に到着。 10月2日　連合国最高司令部（GHQ）、執務を開始。
1946	4月22日　ソ連占領地区でドイツ社会主義統一党（SED. 東ドイツ）、結成。	4月10日　第22回衆議院選挙。 5月3日　極東国際軍事裁判（東京裁判）、開廷。 5月22日　第1次吉田茂内閣が成立。 11月3日　日本国憲法、公布。施行は1947年5月3日。
1947	6月5日　マーシャル・プランが発表される。	4月20日　第1回参議院選挙。
1948	6月18日　西側占領地区で通貨改革。 6月24日　ベルリン封鎖、始まる。 6月26日　ベルリン空輸、開始。	11月12日　東京裁判、25被告に有罪判決。
1949	2月　コメコン、設立。 4月4日　西ドイツを除く西側諸国（12カ国）が北大西洋条約に調印。NATO、設立。 5月5日　ベルリン封鎖、解除。 5月8日　ドイツ連邦共和国（以下、西ドイツ）基本法（憲法）を憲法制定会議で可決。 5月23日　ドイツ連邦共和国が成立。同基本法を発布。 9月　キリスト教民主同盟（CDU）がキリスト教社会同盟（CSU）、自由民主党（FDP）、ドイツ党（DP）の3党と連立政権を組む。首相はCDUのコンラッド・アデナウアー。	2月16日　第3次吉田茂内閣、成立。 7月6日　下山事件。 7月15日　三鷹事件。 8月17日　松川事件。
1950	9月　NATO理事会、西ドイツ軍の創設とNATO軍への西ドイツ軍編入を決定。	6月25日　朝鮮戦争、勃発。
1951		1月25日　ダレス米国特使が対日講和条約締結交渉のため再来日。中曽根康弘衆議院議員が建白書「平和条約のためにダレス特使に要望する事項」を差し出し、原子科学も含めた科学研究の自由を認めるよう要望。

■著者紹介

川名英之（かわな・ひでゆき）

環境ジャーナリスト
千葉県生まれ。1959年､東京外国語大学ドイツ語科卒､毎日新聞社に入社。
1963～1964年、ウィーン大学へ文部省交換留学。
社会部に所属し、主に環境庁・環境問題を担当、1985年、編集委員。
1989年、立教大学法学部非常勤講師。
1990年、毎日新聞社を定年退職、環境問題の著述に専念する。
1998年以降、津田塾大学国際関係学科などで非常勤講師。

【主な著書】

『ドキュメントクロム公害事件』(緑風出版、1983年)、日本の公害・環境問題の歴史の初の通史『ドキュメント日本の公害』(全13巻、緑風出版、1987～96年)､『「地球環境」破局』（紀伊国屋書店、96年)。『検証・ダイオキシン汚染』（緑風出版、98年)、『どう創る循環型社会』（緑風出版、99年)。『こうして…森と緑は守られた！！　自然保護と環境の国ドイツ』（三修社、99年)。『資料「環境問題」地球環境編』（日本専門図書出版、2000年)。『検証・ディーゼル車公害』（緑風出版、01年)、『杉並病公害』(緑風出版､02年)､『検証･カネミ油症事件』(緑風出版､05年)､『世界の環境問題』（全9巻、緑風出版、2006～13年予定）第1巻「ドイツと北欧」(06年)、第2巻「西欧」(07年)、第3巻「中・東欧」(08年)、第4巻「ロシアと旧ソ連邦諸国」(09年)、第5巻「米国」(09年)、第6巻「極地･カナダ･中南米」(10年)、第7巻「中国」(11年)、第8巻「アジア・オセアニア」(12年）などがある。

【主な共著】

『紙面で勝負する！　「読者のための新聞」への弁論』(晩聲社、1979年)、『市民のための環境講座 上』(中央法規、1997年)、『奪われた未来を取り戻せ』(化学物質問題市民研究会編集、リム出版新社、00年)、『人とわざわい　持続的幸福へのメッセージ』上巻（エス･ビー･ビー、06年）など。

なぜドイツは脱原発を選んだのか
巨大事故・市民運動・国家

2013年7月30日　第1刷発行

著　者　川名英之
発行者　上野良治
発行所　合同出版株式会社
東京都千代田区神田神保町 1-28
郵便番号　101-0051
電話 03(3294)3506
FAX03(3294)3509
URL http://www.godo-shuppan.co.jp/
振替 00180-9-65422
印刷・製本　新灯印刷株式会社

■刊行図書リストを無料送呈いたします。
■落丁乱丁の際はお取り換えいたします。

ISBN978-4-7726-1139-8　NDC360　194 × 133

放射性セシウムが生殖系に与える医学的社会学的影響

チェルノブイリ原発事故 その人口「損失」の現実

バンダジェフスキー＋ドウボバヤ［著］久保田 護［訳］

新刊

ベラルーシとウクライナの破局的な人口減少。放射性セシウムとの関連を鋭く検証。

13年／A5判／140ページ／1800円

放射性セシウムが人体に与える医学的生物学的影響

チェルノブイリ原発事故 被曝の病理データ

バンダジェフスキー［著］久保田 護［訳］

4刷

事故後10年にわたり実施された、病理解剖を含む調査の結果を論考。

11年／A5判／112ページ／1800円

チェルノブイリ原発事故がもたらしたこれだけの人体被害

科学的データは何を示している

核戦争防止国際医師会議ドイツ支部［著］松崎道幸［監訳］

膨大な研究データから浮かび上がる、原発事故が原因の健康影響の多様さ・深刻さ。

12年／A5判／152ページ／1600円

スウェーデンは放射能汚染からどう社会を守っているのか

スウェーデン防衛研究所ほか［協同プロジェクト］高見幸子・佐藤吉宗［訳］

スウェーデンが国家をあげて作成した、国民と食料を守るプロジェクト。待望の翻訳！

12年／A5判／176ページ／1800円

みんなではじめる低エネルギー社会のつくり方

日本のエネルギー問題を解決する15のポイント

大久保泰邦［著］石井吉徳［監修］

新刊

見かけや期待に騙されないほんとうのエネルギー論。本気で考える低エネルギー社会。

13年／A5判／152ページ／1500円

〔増補版〕デンマークという国 自然エネルギー先進国

［風のがっこう］からのレポート

ケンジ・ステファン・スズキ［著］

3刷

風車、バイオマスが導入された環境先進国から学ぶ。内橋克人氏推薦。

06年／46判／232ページ／1500円

■刊行図書リストを無料送呈いたします。 ■全国書店にて注文できます。［価格税別］